インプレスR&D [NextPublishing]

New Thinking and New Ways
E-Book / Print Book

IEC61010-1適合とCEマーキング対応

計測・制御・試験所用電気機器の製品安全の考え方と実践

東京都立産業技術研究センター 監修
上野 武司／井原 房雄 著

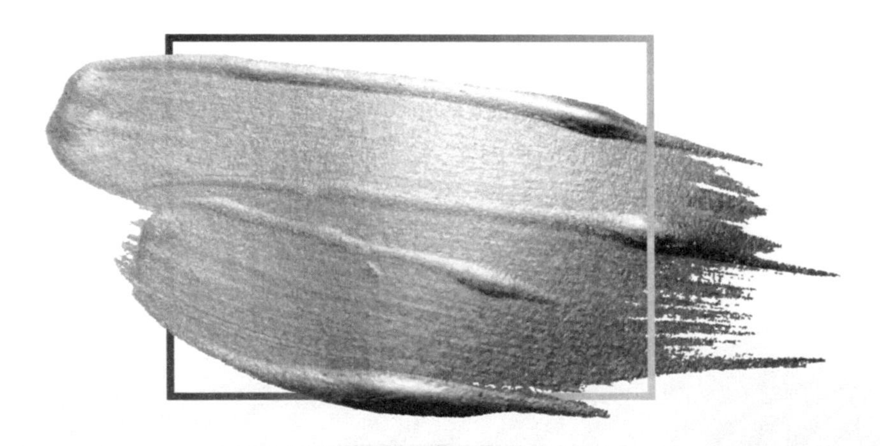

EUへの製品輸出に必要なCEマーキング
その適合・実践方法と製品安全についての考え方を
計測・制御・試験所用電気機器を例に詳解！

はじめに

近年、電気・電子製品を製造する中小企業製造業においては、国内市場だけでは企業の成長が見込めなくなってきました。そのため、海外展開を目指す企業が多くなっています。私ども地方独立行政法人東京都立産業技術研究センターでは、事業として海外展開の支援を行っています。海外展開支援事業の内容は、国際規格や海外の製品規格に関する相談受け付けや情報提供、海外の製品規格の評価試験受託などです。

都内中小企業の皆さまからは、製品安全に関する多くの問い合わせがあります。それらをまとめると、特に課題になっている点は以下のとおりです。

- 海外展開を進める上で、従うべき法令・規格にはどのようなものがあるか。また、それらの情報の収集方法がわからない。
- 海外展開において、どのような対応（設計方法／製造管理など）を行えばよいかわからない。
- 海外展開を進める上で要求される文書は何か、また、どのような文書を揃える必要があるのかを知りたい。
- 中小企業においては、人的資源の面から専任の従業員を配置することが難しいので、よい方法はないか。
- 専任の従業員を教育するにあたり、何を教えればよいのか、またどのように指導すればよいのかがわからない。
- 試験機関に依頼すると、試験費用が高額（数百万円以上）で日数もかかる（数週間以上）ので、できるだけ安く、短期間で済ませたい。
- 試験を実施して不合格になったときにどのように対応し、対策をとるべきか。

このような問い合わせが寄せられる原因は、日本国内に産業用電気・電子製品についての製品安全規制がなく、国際規格に準拠した製品づくりの経験がないことだと思われます。

本書は、これらの課題に応えるため、海外展開する製品に必要な国際規格対応の実務について紹介します。

製品安全規格は、製品カテゴリーごとに国際規格化されていて、一口に製品安全規格といっても非常にたくさんの規格があります。そこで、本書では、産業用電気・電子製品の国際規格として代表的な、計測・制御・試験所用電気機器の国際規格IEC61010-1を基に説明します。

近年特に、製品安全に関してはリスクアセスメントの実施が求められています。製品設計に携わる一部の部門のみならず全社的に対応することが必要になってきているので、これについても紹介します。

この本では、海外展開を考えている企業が、IEC61010-1の欧州版であるEN61010-1に準拠し、CEマーキングを実現するに際して実際に行わなければならない手続・作業について、「製品の企画段階から、出荷まで」を順番に説明します。このため本書は以下のように構成しています。

第1章　CEマーキングの概要

日本とは異なる制度であるCEマーキングについて、概要を説明します。

第2章　欧州のCEマーキングに適合させるための手順

欧州に製品を出荷するために企業が行わなければならない作業などについて説明します。

第3章　低電圧指令の詳細な要求を定める整合規格の調べ方

低電圧指令と整合規格の選定の仕方について説明します。

第4章　製品安全の考え方

海外展開するためには、国際規格に準拠することが大切であることを説明します。

第5章　計測・制御・試験所用電気機器の安全規格IEC61010-1

産業用機器でよく使用される製品安全規格である計測・制御・試験所用電気機器の安全規格（IEC61010-1）の、規格の内容と要求事項について説明します。

第6章　電気的な安全要求

電気・電子機器で、必須とされる電気安全の要求について、IEC61010-1を例に説明します。

第7章　電気的以外の安全要求

第6章で解説した電気安全の要求以外の各種要求事項について、説明します。

第8章　電気安全性に関する試験

安全を検証するための電気安全性試験の詳細について、試験項目ごとに説明します。

第9章　リスクアセスメント

製品のリコール、またはPL対策で不可欠なリスクアセスメント、特に電気・電子機器におけるリスクアセスメントについて、IEC61010-1を例に説明します。

第10章　適合宣言書と技術文書の作成

CEマーキングで必ず作成しなければならない「適合宣言書と技術文書」について説明します。

本書は、中小企業の皆さまから寄せられた要望や問い合わせに応える内容としました。本書が、これから海外展開を考えている企業の皆さまが、製品安全規格に対応する作業を自社で行う助けとなれば、望外の喜びです。

2019年5月

地方独立行政法人東京都立産業技術研究センター
上野 武司・井原 房雄

目次

1

第1章　CEマーキングの概要

◉

1.1　CEマークとその貼付のために果たす義務

計測・制御・試験所用電気機器の安全性に関する国際規格IEC61010-1（IEC：International Electrotechnical Commission、国際電気標準会議）には、欧州（EU）対応規格EN61010-1があります。EU内で販売される計測・制御・試験所用電気機器は、この規格に記載されている製品安全に関する要求事項を満たす必要があります。

この規格に適合していることを示すしくみの一つに、CEマーキング制度があります。CEマーキングは、EU内で販売される製品にEU内の法律・規格に適合していることを示すマークを貼付することです。すなわち、CEマークを貼付した製品はEUで決められた製品分野別の指令や規則に定められている必須要求事項（Essential Requirements）に適合しているとみなされます。なお、「CE」はフランス語の「Conformité Européenne（英語：European Conformity）」の略です。

欧州内で販売する製品に対する必須要求事項として、主に安全に関係する指令（低電圧指令・EMC（電磁両立性）指令）への適合が求められます。また、近年は、RoHS（有害物質使用制限）指令、エコデザイン指令（エネルギー効率）などの環境性能基準に適合していることを、CEマーキングによって宣言することが求められます。

CEマーキング制度の特徴は、製品の全責任が製造業者などの企業にあることです。適合の証明については、計測・制御・試験所用電気機器の場合、医療機器などを除き欧州認証機関による認証は必須ではなく、製造業者の自主的な適合確認と宣言を行うことになります。

CEマーキングとはただ単に、「CEマーク」を貼ることではありません。貼付するためには、以下の義務を果たすことが必須です。

・製品に関係する「すべての各種指令（法令）を遵守」しなければなりません。
・各指令内で指定する「その製品に該当する規格に適合」しなければなりません。
・各指令に適合した製品は「各指令において指定したCEマークの表示、適合宣言書（Declaration of Conformity：DoC）と技術文書の作成・保管」が必須です。

1.2　CEマーキング制度の成り立ち

まず、欧州でのCEマーキングに関する指令制定までの主な経緯を紹介しましょう。

【1】オールドアプローチ制度の時代

CEマーキングが制度化される1985年以前には、EU域内における製品の基準認証制度として、「オールドアプローチ制度」がありました。この制度は、製品の品質などの基準を整合させる指令において、製品に対する技術基準を細部にわたって規定する方式を採用していました。

この方式を採用した結果、各種指令について加盟国間の技術基準の整合性をとる作業がなかなか進まない状況に陥っていました。

【2】ニューアプローチ（New Approach）指令の発布

1985年、EU理事会は、オールドアプローチ制度の状況を打開し、EU内での円滑で自由な移動を促進するために、「技術的調和と基準に関するニューアプローチ」決議を採択しました。そして、1998年には、加盟国が技術的規制・基準案を委員会および他の加盟国に通知する手続などを定めた指令（ニューアプローチ指令：98/34/EC）が制定されました。

この「ニューアプローチ指令」では製品が分野別に分けられており、以前より簡素化されました。これらの指令は、それぞれの法律の中身を詳細に規定するのではなく、「必須要求事項」のみを規定する手法を導入した指令になっています。

【3】ニューアプローチ指令の原則

ニューアプローチ指令の主な原則には、以下の五つがあります。

①適合する指令の内容は、製品を市場に流通する前に満たすべき必須要求事項に限定されています。

②各ニューアプローチ指令で定められた必須要求事項を満たす製品の技術仕様は、「欧州整合規格（Harmonized Standards）」と呼ばれ、欧州の標準化機関（CEN：欧州標準化委員会、CENELEC：欧州電気標準化委員会、ETSI：欧州電気通信標準化機構）が定めています。

③欧州整合規格は任意利用の規格ですが、当該整合規格を用いない場合は、第三者機関にて試験し、適合証明を得る必要があります。

④欧州整合規格に適合した製品は、該当する指令が定めた必要な要件をすべて満たしていると

みなされ、加盟各国は欧州域内での当該製品の輸出入の自由を保証します。

⑤製品がどのニューアプローチ指令に該当するかの確認、および該当するニューアプローチ指令への製品の適合は、製造業者側に責任があります。

図1.1にCEマーキング制度が成立するまでの経緯を示します。

図1.1　CEマーキング制度が成立するまでの経緯

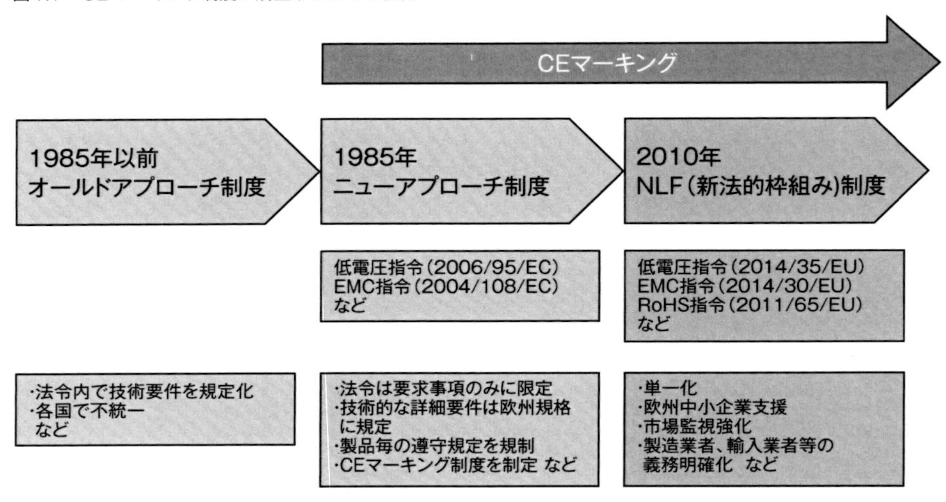

【4】CEマーク（CE Marking）貼付の義務

前記【3】のニューアプローチ指令発効後、1993年に「適合性評価手続きのモジュール及びCE適合マーク貼付及び使用の規則に関する理事会決定（93/465/EEC）」により、その製品が関係するすべての要件に適合した製品に原則として、「CEマーク」を貼付することが義務づけられました。CEマークの貼付においては、指令の要件への適合性に関して、自己宣言のみでよい場合と、欧州認証機関の認証を得る必要がある場合があります。

CEマークを製品に貼付するということは、関係するすべての各指令が定める必須要求事項を満たし、指令に定められた「適合性評価手続（Conformity Assessment Procedures）」に従って評価を行い、指令に適合した製品であることを示すことになります。

これにより、CEマーク（図1.2）を貼付した製品はEU域内で自由に販売することができます。

図1.2　CEマーク

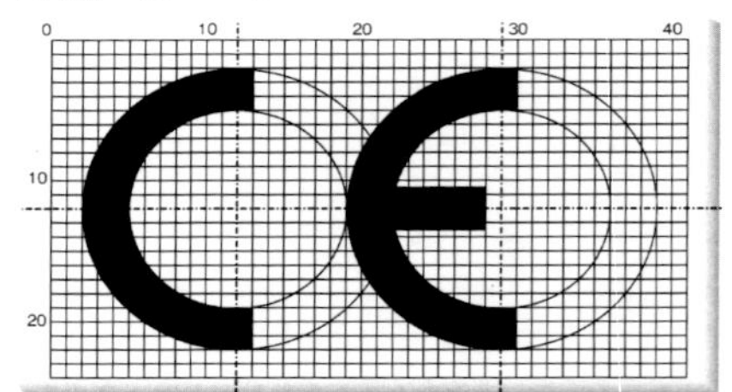

【5】CEマーキングが必須の指令

ニューアプローチ指令では、CEマークの貼付が必須要求の指令と、貼付とは無関係な指令があります。表1.1にCEマーキングが必須の指令、表1.2にCEマーキングとは無関係な指令をまとめました。

表1.1　CEマーキングが必須の指令

No	指令名称	製品例	現行指令番号	初版施行年
1	埋込式能動医療機器指令	心臓ペースメーカー	90/385/EEC	1995
2	ガス暖房器	ガス暖房器	2009/142/EC	1996
3	人員用ケーブル輸送設備施行指令	ケーブルカー	2000/9/EC	2006
4	エコデザイン指令（ErP）	モータ、冷蔵庫、IT機器	2009/125/EC	2007
5	EMC指令	電気・電子機器全般	2014/30/EU	1996
6	防爆指令（ATEX）	耐防爆部品／機器	2014/34/EU	2003
7	起爆装置指令	爆薬、燃料	2014/28/EU	2003
8	温水ボイラー指令	ボイラー	92/42/EEC	1998
9	体外診断用医療機器指令(IVDD)	体外検査機器	98/79/EC	2003
10	リフト指令	エレベーター	2014/33/EU	1999
11	低電圧指令（LVD）	電気・電子機器全般	2014/35/EU	1997
12	機械指令（MD）	産業機械	2006/42/EC	1995
13	計量器指令（MID）	ガス電気・水メータ	2014/32/EU	2006
14	医療機器指令（MDD）	医療機器	93/42/EEC	1998
15	騒音指令	建機・芝刈り機	2000/14/EEC	2002
16	非自動計量器指令（NAWI）	重量計	2014/31/EU	2003
17	身体防護具指令（PPE）	防護服、ヘルメット	89/686/EEC	1995
18	圧力機器指令（PED）	ボイラー、弁、圧力容器	97/23/EC	2002
19	花火用品指令	花火、着火装置	2013/29/EU	2010
20	無線機器指令（RED）	無線機器	2014/53/EU	2000
21	レジャー用船舶指令	小型ボート、ゴムボート	2013/53/EU	1998
22	特定有害物指令（RoHS）	製品全般	2011/65/EU	2006
23	玩具指令	おもちゃ	2009/48/EC	1997
24	簡易圧力容器指令（SPVD）	圧力タンク	2009/105/EEC	1992
25	建築資材規則（CPR）	建築資材	305/2011	1997

表1.2　CEマーキングとは無関係な指令

No	指令名称	現行指令番号	初版施行年
1	包装・包装廃棄物指令	94/62/EC	2000
2	廃車リサイクル指令	2005/64/EC	1992
3	廃棄物枠組み指令	2006/12/EEC	1997
4	電池指令	2013/56/EU	1997
5	高速鉄道相互運用指令	96/48/EC	2001
6	海洋設備指令	96/98/EC	1999
7	現行鉄道相互運用指令	2001/16/EC	2003
8	冷蔵・冷凍庫の効率指令	96/57/EC	1997
9	可搬型圧力機器指令	1999/36/EC	2001
10	屋外機器の騒音指令	2000/14/EC	2001
11	蛍光灯用安定器の効率指令	2000/55/EC	2002
12	家庭機器の騒音指令	86/594/EC	1989
13	製品安全指令	2001/95/EC	2004
14	郵便サービス指令	97/67/EC	1999
15	特定有害物の販売指令	76/769/EEC	1978
16	家庭用機器の表示指令	92/75/EC	1992
17	電気・電子機器の廃棄指令（WEEE）	2002/96/EC	2004

2

第2章　欧州のCEマーキングに適合させるための手順

◉

本章では、欧州（EU）のCEマーキング制度にスムーズに適合させるための手順について説明します。

EUのCEマーキング制度は、日本の電気用品安全法（電安法）とは異なる法規制です。日本の電気用品安全法は、家庭用コンセントに接続して使用する電気・電子機器が主な対象ですが、欧州のCEマーキングは家庭用電気・電子機器のみならず、産業用機器、計測・制御・試験所用電気機器などの産業製品も対象となります。さらにEMC指令のノイズ耐性性能やRoHS指令の有害物使用規制にも適合することが必須になっています。

このため、国内向け製造業者が独自の規定に基づいて行う製品安全評価だけでは、上記の指令に係るすべての要求事項に適合していることにはならないので、CEマーキングに適合する状態にはなりません。

EUのCEマーキングに適合させるためのフローを図2.1に示します。

図2.1　CEマーキングに適合させるためのフロー

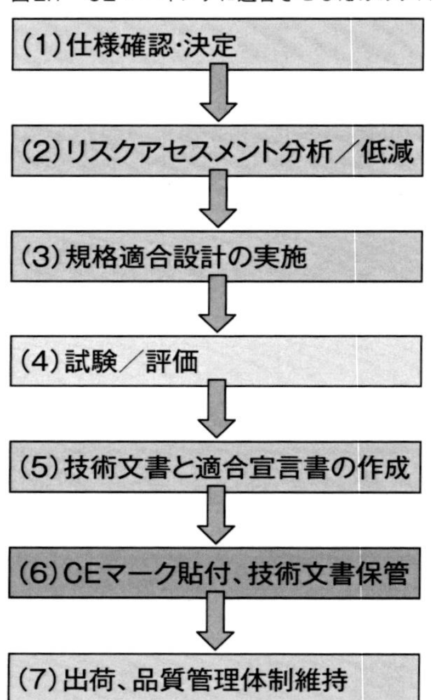

2.1　仕様の確認と決定

まず、製品仕様、環境条件、インターフェイスを明確にする必要があります。製品仕様は、一般的にカタログなどに記載される機能・性能のことではなく、製品安全に係る仕様のことです。例えば、以下の【1】の内容を特定することになります。製品仕様によって、低電圧指令・EMC指令のための試験・評価の内容が決まります。

この仕様を自社で特定できない場合は、専門のコンサルタント、認定機関などに相談する方法もあります。専門のコンサルタントへの相談は、仕様の間違いによる出荷後の再設計の防止につながります。仕様の特定は、欧州などに海外展開する製品の製品安全試験では、必須の作業となります。【1】がこの仕様の項目にあたります。また、【2】に仕様をまとめた例を示します。

【1】低電圧指令を対象とする機器の仕様・環境条件の確認項目

・装置の概要（何を行うものか）
・意図する使用場所（国、家庭用、産業用）
・どのようなユーザに販売するのか（一般人、専門家など）
・製品のモバイル性（携帯／手持ち／床置き／固定／組込み）
・動作（連続／短時間／間欠）
・電力入力仕様（電力出力があれば、その出力定格）
・電源入力の接続法（恒久／着脱式コードセット／非着脱式コードセット／電池式）
・保護手段（クラスⅠ（PE接続）／クラスⅡ（絶縁））
・寸法（W×D×H）
・重量（kg）
・温度・湿度
・屋内・屋外使用／湿気場所使用の有無
・IP（IEC60529：人体・固形物、および水からの保護等級）
・過電圧カテゴリ（Ⅱ／Ⅲ／Ⅳ）
・汚染度（Ⅰ／Ⅱ／Ⅲ／Ⅳ）
・単一故障条件（危険電圧回路部品、各種保護用部品／回路、モータ、キャパシタなど）
・換気条件

【2】製品仕様確認書の例

以下はある機器の製品仕様の確認書です。製品の仕様の一覧、製品のブロック図、機器リスト、ケーブルリストを記載しています。

1. 製品の仕様

A） 適用規格	☒IEC61010-1 □IEC60204-1 □その他(　　　)
B） 試験目的	☒最終試験 □事前試験 □性能把握 □その他(　　　)
C） 試験項目	☒主電源 ☒残留電圧試験 ☒保護導通試験 ☒漏れ電流試験 ☒耐電圧試験 □絶縁抵抗試験 □温度上昇試験
D） 製造者名	多摩テクノ株式会社
E） 製品名	LED 照明機器・輝度検査装置
F） 型名	Type－1
G） 製造番号	P－0001
H） 意図する使用者、使用場所	□一般人 ☒専門家 □その他(　　　)
	□家庭／オフィス ☒工場・産業用 □研究所 □病院 □その他(　　　)
	☒屋内（温湿度管理 ☒あり□なし） □屋外
I） 電源入力仕様	☒単相 AC230V　0.8A　50Hz　184VA □　　DC　　V　　A　　W □その他(　　　)
	突入電流（ピーク電流）1.2A、電圧変動：☒±10%以内□±10%超
J） 感電保護クラス	□Class0 □Class0 I ☒Class I □Class II □Class III
K） 過電圧カテゴリ	□ I ☒ II □ III □ IV
L） 汚染度	□ I ☒ II □ III
M） 保護等級（IP）	□IP30 ☒IP20 □IP31 □IP21 □その他（IP　　　）
N） 動作温度範囲	5℃　～　40℃
O） 使用許可湿度	80%RH 以下　@5℃～31℃
P） 湿気場所使用	□はい ☒いいえ
Q） 使用許可高度（海抜）	2000m 以下
R） 環境条件	☒規格記載の基準(温度 15～35℃,湿度 75%以下) □基準外
S） 外形寸法、重量	W320mm ×D240mm ×H80mm、3.0kg
T） 電源の認証有無	☒有 □無　有の場合の認証マーク（TUV/UL）
U） モバイル性（複数選択可）	□携帯 □手持ち □床置き ☒固定 □組込み
V） 動作条件（複数選択可）	☒連続 □短時間 □間欠断続 □その他動作(　　　)
W） レーザ源の有無	☒無 □クラス 1 □クラス 2 □クラス 3B □クラス 4 □その他クラス (　　　)
X） 電源コード	☒着脱式 □非着脱式
Y） 備考	

2. 製品の構成概要

①ブロック図

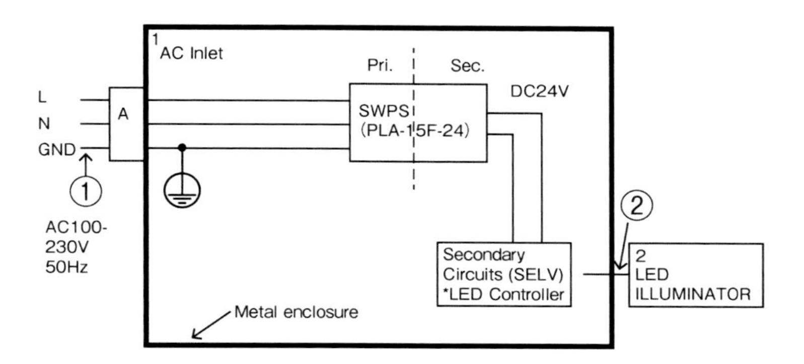

②Components List（機器リスト）

Component Name (機器名称)	Model No. (型名)	Serial No. (製造番号)	Manufacturer (製造者)
1.LED-intensity Testing equipment	Type-1	P-0001	多摩テクノ
2.LED Illuminator	LED-I-1	LED-I-001	多摩テクノ

③Cable List（ケーブルリスト記入）

Cable No. (ケーブル番号)	Cable Name (ケーブル名称)	用途（電圧）／ Model(型番)	Manufacturer (製造者)
①	電源入力 AC ケーブル	☒AC☐DC☐信号 230V、0.8A／KAC-001	多摩テクノ
②	DC ケーブル	☐AC☒DC☐信号 12-24V、8A／KDC-001	多摩テクノ
③		☐AC☐DC☐信号 V A／	
④		☐AC☐DC☐信号 V A／	
⑤		☐AC☐DC☐信号 V A／	
⑥		☐AC☐DC☐信号 V A／	

2.2　リスクアセスメントとリスクの低減

EU指令では、リスクアセスメントの実施が「各EU指令の必須要求事項」内で要求されています。

【1】各指令のリスク

各指令の要求事項により、関連するリスクが異なっています。このため、各指令が要求するリスクに対してリスクアセスメントを行う必要があります。

主な指令でのリスクは以下のとおりです。

・EMC指令：EMC関連リスク（エミッションにより他の機器に障害を引き起こす、または、機器のイミュニティ能力が低く、その機能を果たせないことがリスクとなる）
・低電圧指令：製品安全関連リスク（人、家畜、財産に対する電気的なハザードが主な対象になる）
・玩具安全指令：子供に危害を与えることに関連するリスク
・無線機器指令（RED）：無線機器が妨害を与えるリスク【必須要求事項：REDの3章】における以下のa）～d）のリスク
　a) RF（無線）周波数帯関連【REDの3.2項】
　b) 安全関連【REDの3.1.a項】
　c) EMC関連【REDの3.1.b項】
　d) さらにほかの側面に関連するものが含まれる【REDの3.3項】

【2】リスクアセスメントのルール

リスクアセスメントは、必ず製造業者が実施しなければなりません。第三者試験所、欧州各国認証機関（NB：Notified Body）、または、コンサルタントなどが実施するものではありません。製造業者は、製品のリスクアセスメントに関する全責任を担うことになります。

EMC指令では、その機器のEMCリスクアセスメントにおいて、使用されるEMC環境が、EMC整合規格で記載のEMC環境と同じならば、リスクアセスメントを省くことができます。ただし、その場合は「該当する整合規格のリスク範囲にすべて含まれている」旨を技術文書に記載する必要があります。

リスクアセスメントの結果は、文書化して技術文書に盛り込む必要があります。

【3】リスクアセスメントの一般的な手順

リスクアセスメントを実施するには、図2.2に示す以下の①～⑥を順次、行います。

①製品の制限の決定：製品の仕様に基づき、製品を使用する人、使用される場所・環境を限定します。
②ハザードの同定：起こりうるハザードをすべて洗い出します。
③リスクの見積り：各指令のどの必須要求事項が製品に適用されるのかを決定します。
④リスクの評価・判定「安全か？」：洗い出したリスクが、客観的に見て社会に受け入れられるレベルなのかを査定します。
⑤リスク低減の対策：リスクがある場合は、リスク低減の対策を実施します。
⑥結果の文書化：すべてのリスクを評価した後に、記録を残します。

リスクアセスメントの実施には、以下の確認も必要なので注意します。

・リスクアセスメントの記録には製品および環境に関する現象を明記します。
・製品の典型的な使用、予見可能な誤使用についても評価します。
・装置がさまざまな異なる構成を取りうる場合は、「あらゆる可能な構成において」製品が必須要求事項を満たすことを確認します。
・整合規格の一部のみを適用した場合、または、整合規格が該当する必須要求事項の一部でも、記述していないハザードがある場合は、そのハザードのリスクについて、リスクアセスメントを行い、その結果を文書に残さなければなりません。

図2.2　リスクアセスメントの流れ

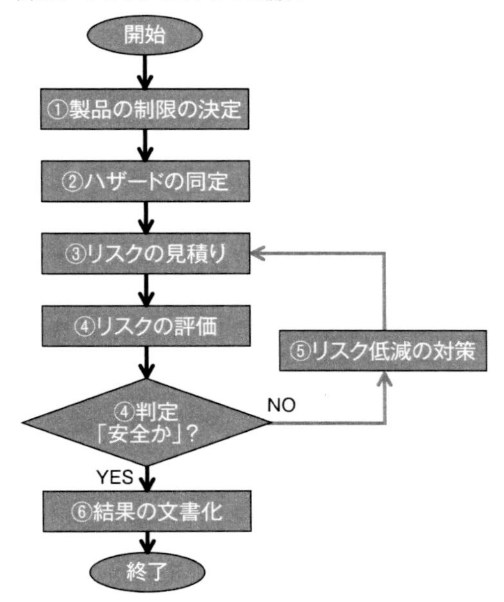

2.3　規格適合設計の実施

前節の「2.2　リスクアセスメントとリスクの低減」を実施した後、その製品が遵守しなければならない製品安全規格を選択し、適合設計を実施します。製品安全規格の不適合による、製造段階から製品設計段階までの後戻りをなくすためには、次の順序で設計します。

【1】適用する規制・規格を選定

まず第一に、出荷先国の法規制・規格を明確にする必要があります。手順は以下のとおりです。

(1) 規格を選択するため、製品の仕様を特定する。

規格適合に特に必要な情報を次に示します。

・装置の概要（何を行うものか）
・意図する使用場所（国、家庭用、産業用）
・どのようなユーザが使用するのか（一般人、専門家など）
・電力入力仕様（電力出力があれば、その出力仕様）
・寸法・重量

(2) 適合すべき規格を調査・選択する。

機器の仕様を明確に規定した後に、該当する規格を特定します。自社で対応すべき整合規格を探し出せない場合は、各国の認定機関などに相談することを推奨します。

(3) 規格の範囲に含まれることを確認する。

・規格には対象とする範囲が記載されているので、前記(1)の情報と照合します。
・各規格内の項目「範囲」の記述を確認して、該当する規格を決定します。

【2】「要求事項」を理解し、安全設計チェックリストを作成

(1) 「主要な要求事項」を理解する

次に、該当する規格書を入手して、その規格に記載されている要求事項を理解しなければなりません。電気・電子機器については、以下の(1)～(9)のハザードについて、規格に記載されていることを確認することが大切です。図2.3に電気・電子機器で考慮すべきハザードを示します。

(1) 電気ショック

(2) エネルギー

(3) 火災

(4) 温度・熱の危険

(5) 機械的危険

(6) 化学品の危険

(7) 放射線（レーザ、X線、電波）

(8) 材料

(9) その他の危険

図2.3　電気・電子機器で考慮すべきハザード

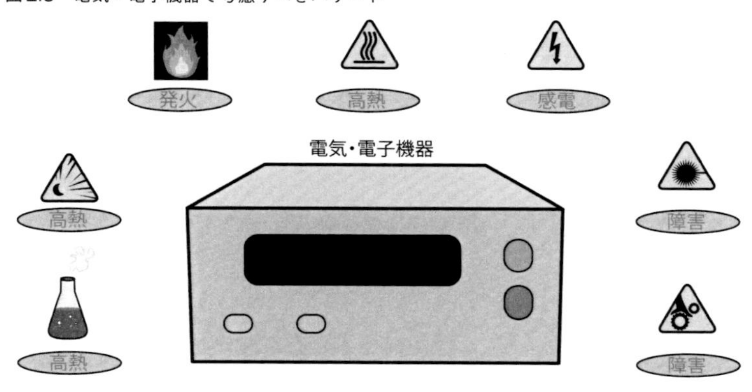

(2) 安全設計チェックリストを作成する

当該装置が適合しなければならない事項のチェック漏れをなくすために安全設計チェックリストを作成します。

当該装置が「適合すべき要求項目」を確認し、その項目が当該装置に関係するのか、関係しないのかを項目ごとに選定します。IEC規格は、その製品カテゴリにおけるさまざまな機器に対応するように作成されています。関連するあらゆる要求項目が記載されているため、当該装置には関係しない、該当しない項目もあります。

【3】安全重要部品の選択

製品を構成するにあたり、通常は自社部品とともに他社メーカー製の部品も多く使用します。自社製、他社製ともに、使用する部品のうち、42.4Vp-p以上の電圧がかかる部品は、感電、発火などの安全性に大きく影響を与えるため、電気安全上の担保された部品を選択し使用しなければなりません。このような部品を「安全重要部品（Critical Safety Components）」と呼んでいます。安全重要部品の選択に加えて、各種安全を保護する機能をもった「安全機能部品」の選択も重要です。

こうした部品にはそれぞれに該当する規格が存在し、各地域、国で認定された試験機関が試験し、認証しています。したがって、これらの安全重要部品は必ず、これら部品の個別規格に適合し、かつ、製品の電源電圧などの仕様に合致した認証部品を使用しなければなりません。

認証が必要な安全重要部品を以下に示します。

(1) 電源電圧がかかる部品と一次二次間部品

・電源ケーブル、内部配線
・パワーサプライ（電源モジュール）
・リレー
・コンタクタ
・トランス
・電源スイッチ
・バッテリー
・電源トランス
・ヒューズ
・ヒューズホルダ
・機器用インレット
・EMIフィルタ
・端子台
・コネクタ
・一次二次橋絡コンデンサ
・Y-コンデンサ
・バリスター
・放電抵抗
・プリント基板
・その他

(2) 安全保護機能として使用する部品

・サーモスタット、フォトカプラ
・インタロックスイッチ
・バッテリー充電回路
・電線（絶縁、難燃性）
・外郭プラスチック材料（難燃性）
・サーマルヒューズ（トランス内蔵のものも含む）
・ハードディスク、レーザユニットなど
・ファンモータ

・リチウムイオンバッテリー
・その他

これらの部品類は、安全上重要なため、各製品規格（IEC61010-1など）では、規格に適合した部品であることが要求されています。そこで、各部品の部品規格に適合したことを証明した認証品を選択しなければなりません。計測・制御・試験所用電気機器の安全規格（IEC61010-1）の14章では、これらの部品、アセンブリが各規格に適合したものを使用することが要求されています。認証品でない場合は、安全性を保障するため自社での試験・検証が必要です。

認証機関としては、北米ではUL、CSA、欧州ではTUV、VDE、DEMKOなどがあります。これらの機関が認証した部品を部品メーカーが販売しています。なお、これらの部品を使用した場合は、部品表に安全重要部品である旨を記載しておくことが必要です。また、その部品が正当な認証品かを証明書などにより確認する必要があります。

【4】設計に製品安全対策を盛り込む

前述の「安全設計チェックリスト」で要求事項を確認した後、実際の機構設計、電気設計において、次の①～⑧の安全対策を盛り込みます。これは設計の早い時点での検討が大切です。

①過電流保護
②部品の間隔（絶縁、難燃性）
③一次二次間の回路分離（絶縁距離）
④漏れ電流
⑤絶縁距離と厚さ
⑥一次側部品の認証品使用（一次側などの電圧が高い箇所に使用する安全重要部品）
⑦安全重要部品・安全機能部品の決定・採用
　・設計において通常時はもちろんのこと、異常時においてもどの部品が重要かを検討する必要があります。
　・安全重要部品の部品表を作成します。その部品が本当に認証品かを証明書などにより確認することが必要です。
⑧プラスチック部品の難燃性の確認

2.4 試験と評価

【1】自社での試験・評価

選択した整合規格の要求に適合しているかどうかは、設計の評価（審査）、および試験に基づいて評価します。

低電圧指令は、この評価の実施において、欧州各国認証機関（NB：Notified Body）での試験を要求していません。したがって、低電圧指令の適合手続の上では、製造業者内の任意の担当者がこの評価を行うか、外部の任意の試験所に依頼して行います。

その際、適切な評価のためには規格に対する十分な理解が必要です。理解やスキルの不足は重大な不適合の見落としを引き起こす可能性があります。そのようなリスクを低減させるためには、信頼できる試験専門スタッフや外部試験所を選択することが必要です。

外部試験所に任せた場合には、どのように試験が行われたのかを依頼した側の担当者が見ておくことが大切です。規格をさらっと読んだだけでは、要求事項を良く理解することができないものです。実際の試験に立ち会い、規格を熟読することにより内容が良くわかるようになるはずです。要求事項への深い理解は今後の設計に役立ちますし、試験と評価のノウハウも蓄積されます。とりわけ設計・製造で大きく変更に関わりそうなものについては、事前に自社で評価しておくことを推奨します。

【2】試験の準備

試作機を評価するための試験機器を早い時点で確認します。試作機のほか接続される周辺機器や付加装置を揃え、試験に向けて準備します。試験を行うためには、準備に費用と時間がかかります。主要な試験機器には以下のものがあります。

・機械的な強度試験器
・温度・湿度計、恒温槽
・電圧・電流・電力計
・漏れ電流試験器
・絶縁耐圧、絶縁抵抗、接地導通などの試験器
・その他測定器（レーザ測定、放射、騒音）

【3】テストレポートを作成

テストレポートを作成して該当する試験項目を再確認します。なかには該当しない試験項目がある場合もあります。

テストレポート様式（TRF：Test Report Form）は、IECなどから購入することもできます。

【4】試作機の評価

試験は出荷品ではなく、試作機で実施します。これは、試作機を用いて初期段階で確認評価することで改修などを最小限にするためです。次に対象製品に対する要求内容を整理した目視レベルの検査をまとめた「安全設計チェックリスト」により、基本安全要求に適合していることを確認します。

【5】最終製品の試験実施

最終製品を用いて、時間のかかる恒温槽を使用した試験、単一故障状態での異常試験を実施します。さらに規格で要求されている「全ての該当する試験項目」を実施し、最終のテストレポートを作成します。

【6】結果のまとめ

評価の結果は、整合規格のそれぞれの条項ごとに記載したテストレポートとしてまとめます。このテストレポートは技術文書に含めなければなりません。自社で試験を行う場合、テストレポートを特定の様式に合わせる必要はありません。ただし整合規格のすべてをチェックする必要がある場合は、IECが主要な整合規格に対するテストレポートの様式を販売しているので、それを利用することができます。

整合規格がない場合は、他の適切な手段で安全要求への適合を示します。また、整合規格の適用だけでは安全要求への適合を示せない場合にも、他の適切な手段を併用して適合を示すことが必要となります。すなわち、整合規格を適用するかどうかに関わらず、意図された使用のみではなく、合理的に予見可能な状況（合理的に予見可能な誤使用も含む）のもとでの安全性が求められます。

2.5　技術文書と適合宣言書の作成

【1】技術文書の作成は必須

技術文書（Technical Documentation：TD）は各指令の要求事項への適合の根拠を示す文書です。したがって、少なくとも以下の情報を記述する、または、資料を含める必要があります。作成後、図2.4のようなファイルに整理して保管します。

・当該機器の概要説明
・概念設計図、およびコンポーネント、サブアセンブリ、回路などの図面
・それらの図面と回路図、および機器の動作の理解に必要な説明
・全面的に使用した、あるいは部分的に適用した整合規格のリスト
・整合規格を適用しなかった場合、指令の安全目標への適合のために用いた手段の説明
・整合規格を部分的に適用した場合、どの部分を適用したか
・設計上の計算結果、実施した検査の結果
・テストレポート
・使用言語は、英語、ドイツ語、フランス語のいずれかとする

図2.4　技術文書のファイル化

【2】適合宣言書の作成

適合宣言書は、「対象製品が該当指令、および整合規格に適合していること」を、自社の責任の下に自己宣言する文書です。

【3】保管と当局からの提出要求

技術文書および適合宣言書は、製品を出荷してから10年が経過するまで保管しなければなりません。そして、当局からの要求があった場合、速やかに提出することが求められます。なお、技術文書の作成は製造業者のみに課せられた義務です。詳細は、第10章で説明します。

2.6　CEマークの貼付と品質管理体制の維持

製品出荷時と製品出荷後に行わなければならないのは、製品のCEマーキングと継続的な品質管理体制を維持することです。

【1】CEマーキング

製品に関係するすべての指令への適合が達成されたことを示すために、CEマークの貼付を行います。当該製品がEMC指令の対象にもなる場合、当該製品に低電圧指令への適合のみに基づいてCEマークを貼付することはできません。

CEマーク（図2.5）は、原則として製品自体に貼付します。製品に貼付することが不可能な場合（例：製品が極小、など）には、その梱包や添付文書に付けることも認められます。

CEマークは、高さが5mm以上であり、かつその形状の比率が保たれている限りは、任意に拡大／縮小することができます。当然ながら、このマーキングは見やすい場所に、容易に剥がれたり消えたりしないような方法で行う必要があります。

図2.5　CEマークの形状

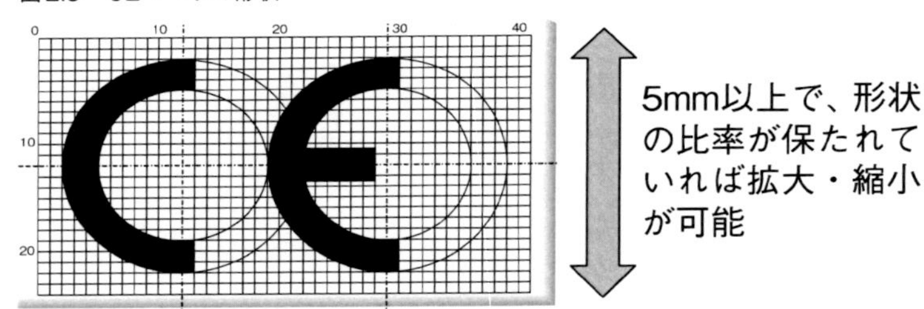

【2】品質管理体制維持（ISO9001）

製品の品質を一定に保つためには、品質管理を行わなければなりません。すなわち、品質の維持管理はもとより、設計の変更、規格の版変更などにも適切に対処する必要があります。これらの対処に応じて技術文書と適合宣言書に反映させる必要があります。

(1) 設計の変更

一般に、製品の設計の変更は適合性に影響を与える可能性があるので、対象となる指令および整合規格の影響の有無を判断し、変更後に製品の適合性の評価を行い、技術文書に記載する必要があります。

(2) 規格の版変更

整合規格は、改訂が行われたり、別の整合規格によって置き換えられることがあります。その場合、規定された期日以降は、新しい整合規格を適用することが必須となります。したがって、新しい整合規格と旧整合規格の違いを検討して、異なる場合は再評価が必要になります。

(3) 量産品の検査記録

EU指令では、量産品に対する試験の実施や検査記録の保管の義務がなく、適合性を維持する手段の選択と実施は製造業者に任されています。しかし、量産品に対する試験を継続的に実施し記録を残すことは、適合性を維持し第三者に対して適合性の維持、あるいは、少なくともそのための努力を行っていることをアピールする有用な手段となります。

(4) 製品の不具合

市場に出した製品が、ユーザなどからの不具合情報により、指令・整合規格に適合していないと判断されたときは、速やかにその製品を適合させるために必要な処置、回収、あるいはリコールを実施しなければなりません。さらに、その製品が流通している各国の当局に連絡します。当局から要求があれば、指令への適合を示す技術文書などの情報を、当局が容易に理解できる言語で提出する必要があります。また、市場に出た製品がもたらすリスクの除去のために当局に協力します。

3

第3章　低電圧指令の詳細な要求を定める整合規格の調べ方

この章では、計測・制御・試験所用電気機器のCEマーキングの自己宣言に必要な低電圧指令の位置づけについて説明します。また、Official Journal（EU官報）に記載の指令の確認と整合規格の調べ方についても説明します。

低電圧指令は、低電圧で動作する電気・電子機器をEU内で上市する場合に守らなければならない法令です。低電圧指令の下に、適合しなければならない詳細な試験方法などを記載した整合規格があります。そのため、EUで製品を販売する場合には、低電圧指令の整合規格の要求事項を守る必要があります。

低電圧指令は、NLF（New Legislative Framework）の規定に従い、ニューアプローチ（CEマーキングの体制以降の理念）に合致するように改訂されました。特に製造業者などの義務の明確化、市場監視の徹底について規定されました。

NLFを構成する3規定は、以下のとおりです。

表3.1　NLFの3規定

	規定	種類	内容
(1)	764/2008/EC	Regulation：規則	技術基準を適用する手続の規則
(2)	765/2008/EC	Regulation：規則	製品の売買に関係する認定と市場監視の要求事項の規則
(3)	768/2008/EC	Decision：決定	製品の売買のための共通枠組みの規則

NLFの規定は、Blue Guide[1]（欧州ブルーガイド）に記載されており、ウェブサイトで閲覧することができます。

指令および整合規格は、数年ごとに改訂があります。この改訂に対応するために、新しい指令や整合規格を、逐次監視することが求められます。低電圧指令の最新版は、2014/35/EUであり、EN61010-1の最新版は、2010年度版になります。新しい低電圧指令および整合規格が出版された場合、旧版には有効期限が設けられ、以後旧版は無効になり新版への適合が必須になります。

海外展開を目指す企業にとっては、これらの指令や規格の調べ方および確認の作業は必須となります。また、整合規格の一部の内容変更による改訂版が発行されていて、内容がアップデートされている場合があります。

製造業者は、常に最新版の指令、整合規格に基づいた製品づくりが求められます。そのため、関連する指令、整合規格の内容を常に確認し、製品設計に生かす必要があります。

1.Blue Guide（欧州ブルーガイド）：CEマーキングやNLFに関する解説書。

3.1　欧州（EU）の法体系

【1】EU規制の分類

まず最初に、欧州（EU）の指令の位置づけについて紹介します。EUの法体系は以下のとおり五つに分類されています。

①規則（Regulation）：加盟国に対して、国内法への適用なしに直接拘束力を発揮する。
②指令（Directive）：加盟国を拘束する。ただし、適用にあたっては、国内での立法措置が必要。
③決定（Decision）：加盟国、会社または個人を対象に、具体的な行為の実施あるいは廃止に関する事項。
④勧告（Recommendation）：欧州委員会が表明。加盟国、会社または個人の実施を期待する事項。
⑤意見（Opinion）：欧州委員会の意思表明。拘束力なし。

強制力は、①が最も高くなっています。

【2】NLFおよびBlue Guide

前述のとおり、NLF（New Legislative Framework）において、ニューアプローチの基本理念を元に、低電圧指令は2014年に改訂されています。表3.1の三つの規定に基づき、Blue Guideが作成されており、ウェブサイトで閲覧することができます。Blue Guideについては、以下のURLを参照してください[2]。
http://ec.europa.eu/DocsRoom/documents/18027/

【3】低電圧指令の自社適合確認

低電圧指令は電気・電子機器の安全性の指令です。②の指令（Directive）にあたり、各国において法律化しなければならない強制力が高いものですが、自社にて適合確認ができます。そして、この自社適合確認により、適合宣言書作成、CEマーキングが可能になっています。一方、自社適合確認が不可の指令の一例としては欧州の自動車EMC指令があります。これは、①の規則（Regulation）に該当するため、第三者認証機関での試験・認証が必須となります。

2. 第3章で紹介したurl、Webページの画面などは2019年5月現在のものとなります。今後、これらは変更される可能性があります。

【4】低電圧指令の原文

低電圧指令は、ウェブサイトにあるOfficial Journalで確認することができます。以下のURLを参照してください。
http://eur-lex.europa.eu/legal-content/EN/TXT/PDF/?uri=CELEX:32014L0035&from=EN

【5】低電圧指令の整合規格の調べ方

IEC/EN61010-1は、「計測・制御・試験所用電気機器の安全性―第1部：一般要求事項」に関する低電圧指令の整合規格です。該当する整合規格リストを調べることで、EN61010-1に辿りつくことができます。整合規格はOfficial Journalを閲覧することにより、確認することができます

なお、製品カテゴリ別に適合しなければならない整合規格のリストはEUのウェブサイトでOfficial Journalとして発行され、指定されています。

主な整合規格は以下のものです。

・計測器／EN61010-1（IEC61010-1）
・医療機器／EN60601-1（IEC60601-1）
・情報機器／EN60950-1（IEC60950-1）
・機械の電気装置／EN60204-1（IEC60204-1）　など

低電圧指令では、定格電圧が交流50Vから1000V、直流75Vから1500Vの範囲の電気・電子機器が該当します。ただし、それ以下の場合（交流50V未満、直流75V未満）では、一般製品安全指令（GPSD：General Product Safety Directive 2001/95/EC）が適用されます。ACアダプタで動作させる機器については、本体の電源電圧が低くても、GPSDに該当します。また、EN61010-1に該当する機器に挿入する部品は、その部品の個別規格の認証品が求められ、EN61010-1の要求事項（電子回路基板であれば、電極間距離や規格に基づいた難燃性など）を満たす必要があります。

各規格は、日本規格協会から購入することができます。URLは以下のとおりです。
https://webdesk.jsa.or.jp/

【6】EU指令の市場監視

低電圧指令などのEU指令は、各国で法制化して国内法になっており、遵守する必要があります。最近では製品のEU指令適合の可否についての監視が強化されています。そして、不適合な製品についてはRAPEX（Rapid Alert System for dangerous non-food products）としてウェブサイトに掲載されます。この内容は以下で参照できます。図3.1に検索結果、図3.2にRAPEX

のウェブサイトを示します。

図3.1　RAPEXの検索結果

European Commission - Rapid Alert System: Weekly reports
https://ec.europa.eu/consumers/consumers_safety/.../rapex/alerts/ ▾ このページを訳す
Rapid Alert System for dangerous non-food products is the EU rapid alert system notifying member states about risks to the health and safety of consumers with the exception of food, pharmaceutical and medical devices.
Rapid Alert System: Search ... Consumer safety Subscribe

図3.2　RAPEXのウェブサイト

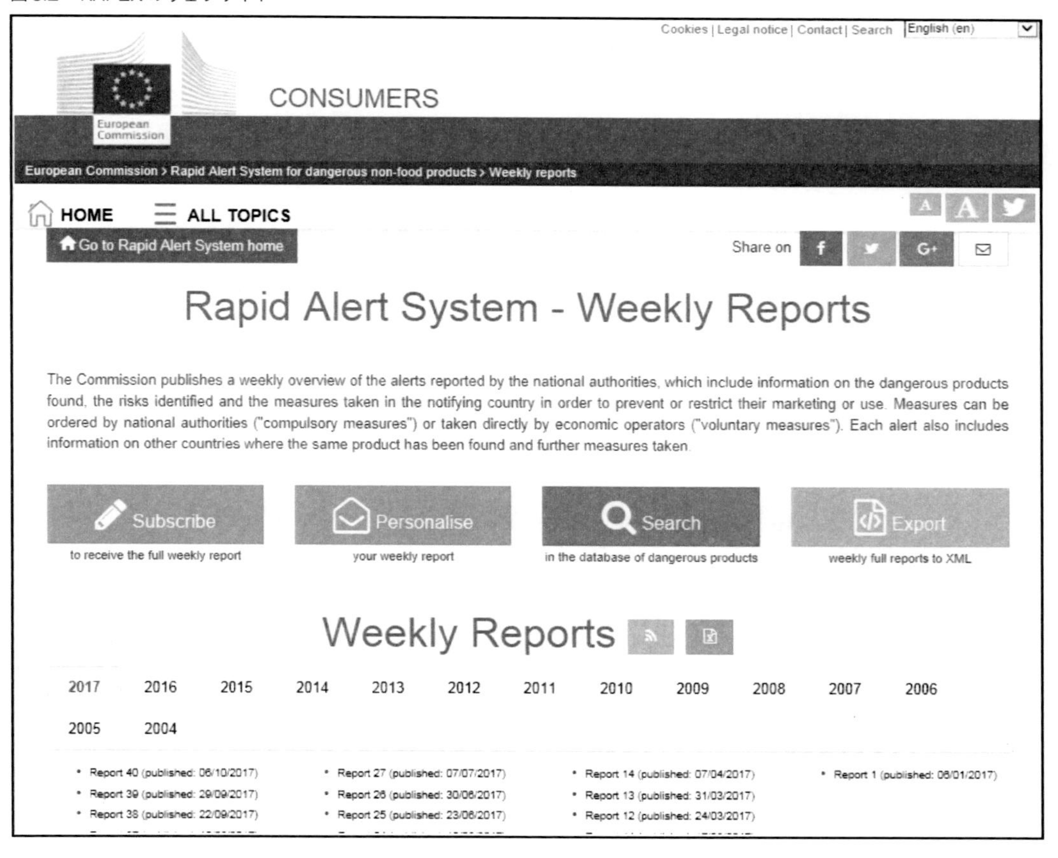

3.2　指令の概要

一般的な電気製品を欧州へ輸出する際には、EUで定めている指令に適合していなければなりません。例えば、交流230Vで動作する試験所用機器の場合、製品安全関連の指令である低電圧指令を適用します。これらの指令は、EU加盟国間での規制内容の統一を目的とした法令にあたります。EUでは国内法への転換の際には一定の裁量権が与えられているため、各国間で法令が異なる場合もあるので注意が必要です。EU指令には、表1.1、表1.2で紹介したものがあります。

この本で扱っている計測・制御・試験所用電気機器の場合、適用を検討しなければならない主な指令は、低電圧指令（LVD)、EMC指令（電磁両立性指令)、RoHS指令（特定有害物指令)、WEEE[3]指令（電気・電子機器の廃棄指令）などがあります。

これらの指令は、「Official Journal」を調べることにより、内容を確認することができます。検索エンジンにおいて、「Official Journal」で検索した結果を図3.3に示します。

図3.3　Official Journal検索結果

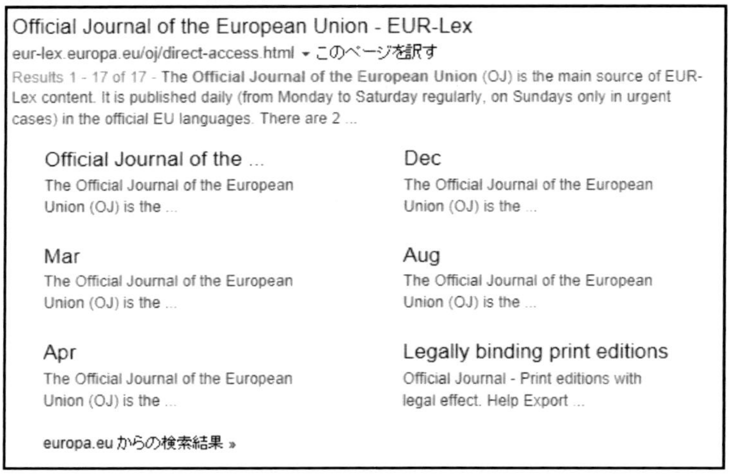

Official Journal of the European Union - EUR-Lex
eur-lex.europa.eu/oj/direct-access.html ▾ このページを訳す
Results 1 - 17 of 17 - The Official Journal of the European Union (OJ) is the main source of EUR-Lex content. It is published daily (from Monday to Saturday regularly, on Sundays only in urgent cases) in the official EU languages. There are 2 ...

Official Journal of the ...
The Official Journal of the European Union (OJ) is the ...

Dec
The Official Journal of the European Union (OJ) is the ...

Mar
The Official Journal of the European Union (OJ) is the ...

Aug
The Official Journal of the European Union (OJ) is the ...

Apr
The Official Journal of the European Union (OJ) is the ...

Legally binding print editions
Official Journal - Print editions with legal effect. Help Export ...

europa.eu からの検索結果 »

以下のURLで、図3.4に示すOfficial Journalのウェブサイトが開きます。

https://eur-lex.europa.eu/oj/direct-access.html

画面右上の検索ボックスに最新の低電圧指令に該当する2014/35/EUを入力すると、図3.5のような項目が表示されます。

最初の検索結果（図の矢印部分）をクリックして表示されたページを下にスクロールすると、低電圧指令を確認することができます。表示された低電圧指令の冒頭部分を図3.6に示します。

3.WEEE：Waste of Electrical and Electronic Equipment.

図3.4　Official Journalのウェブサイト

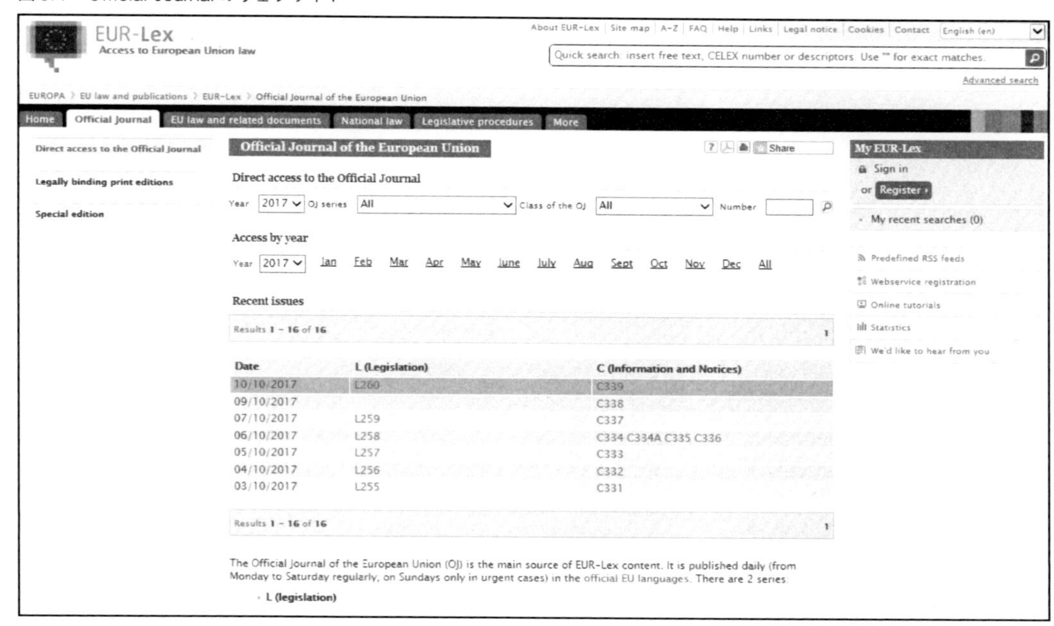

図3.5　Official Journalによる低電圧指令の検索結果（低電圧指令のトップページ）

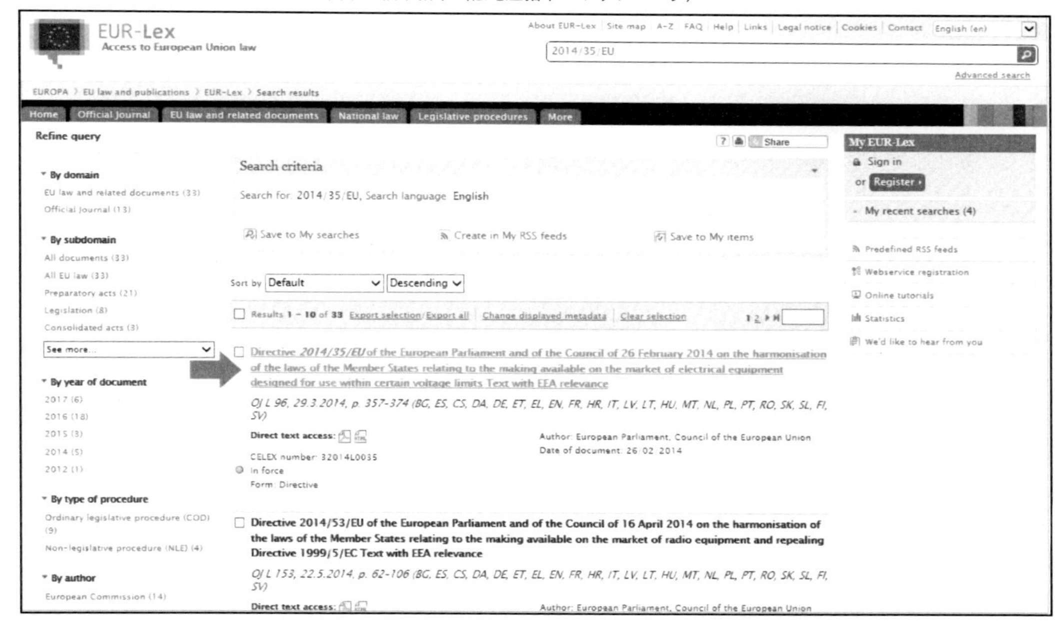

図3.6　低電圧指令（冒頭部分）

29.3.2014 | EN | Official Journal of the European Union | L 96/357

DIRECTIVE 2014/35/EU OF THE EUROPEAN PARLIAMENT AND OF THE COUNCIL

of 26 February 2014

on the harmonisation of the laws of the Member States relating to the making available on the market of electrical equipment designed for use within certain voltage limits

(recast)

(Text with EEA relevance)

THE EUROPEAN PARLIAMENT AND THE COUNCIL OF THE EUROPEAN UNION,

Having regard to the Treaty on the Functioning of the European Union, and in particular Article 114 thereof,

Having regard to the proposal from the European Commission,

After transmission of the draft legislative act to the national parliaments,

Having regard to the opinion of the European Economic and Social Committee ([1]),

Acting in accordance with the ordinary legislative procedure ([2]),

Whereas:

(1) A number of amendments are to be made to Directive 2006/95/EC of the European Parliament and of the Council of 12 December 2006 on the harmonisation of the laws of Member States relating to electrical equipment designed for use within certain voltage limits ([3]). In the interests of clarity, that Directive should be recast.

(2) Regulation (EC) No 765/2008 of the European Parliament and of the Council of 9 July 2008 setting out the requirements for accreditation and market surveillance relating to the marketing of products ([4]) lays down rules on the accreditation of conformity assessment bodies, provides a framework for the market surveillance of products and for controls on products from third countries, and lays down the general principles of the CE marking.

(3) Decision No 768/2008/EC of the European Parliament and of the Council of 9 July 2008 on a common framework for the marketing of products ([5]) lays down common principles and reference provisions intended to apply across sectoral legislation in order to provide a coherent basis for revision or recasts of that legislation. Directive 2006/95/EC should therefore be adapted to that Decision.

(4) This Directive covers electrical equipment designed for use within certain voltage limits which is new to the Union market when it is placed on the market; that is to say it is either new electrical equipment made by a manufacturer established in the Union or electrical equipment, whether new or second-hand, imported from a third country.

(5) This Directive should apply to all forms of supply, including distance selling.

(6) Economic operators should be responsible for the compliance of electrical equipment with this Directive, in relation to their respective roles in the supply chain, so as to ensure a high level of protection of public interests, such as health and safety of persons, of domestic animals and property, and to guarantee fair competition on the

3.3　低電圧指令の内容

低電圧指令は各指令の一つに該当します。この低電圧指令については、以下のURLで内容を確認することができます。また、図3.5の検索結果をクリックしても、同じページが開きます。

https://eur-lex.europa.eu/legal-content/EN/TXT/?qid=1553072822644&uri=CELEX:32014L0035

図3.7に示す低電圧指令のウェブサイトが閲覧できます。

図3.7　低電圧指令のウェブサイト

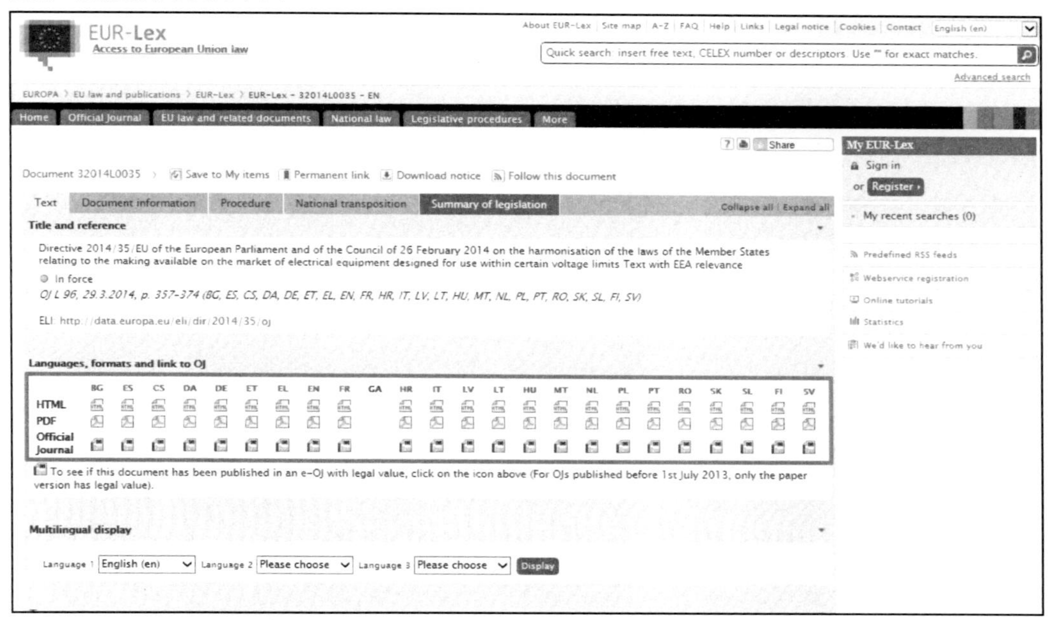

図3.7の枠線で囲われた部分が、各言語で書かれた低電圧指令の法律原文のデータとなります。例えば、EN（英語）の指令をクリックすると、図3.8に示す英語版の指令原文を確認することができます。

図3.8　低電圧指令の記載

29.3.2014 | EN | Official Journal of the European Union | L 96/357

DIRECTIVE 2014/35/EU OF THE EUROPEAN PARLIAMENT AND OF THE COUNCIL

of 26 February 2014

on the harmonisation of the laws of the Member States relating to the making available on the market of electrical equipment designed for use within certain voltage limits

(recast)

(Text with EEA relevance)

THE EUROPEAN PARLIAMENT AND THE COUNCIL OF THE EUROPEAN UNION,

Having regard to the Treaty on the Functioning of the European Union, and in particular Article 114 thereof,

Having regard to the proposal from the European Commission,

After transmission of the draft legislative act to the national parliaments,

Having regard to the opinion of the European Economic and Social Committee ([1]),

Acting in accordance with the ordinary legislative procedure ([2]),

Whereas:

(1) A number of amendments are to be made to Directive 2006/95/EC of the European Parliament and of the Council of 12 December 2006 on the harmonisation of the laws of Member States relating to electrical equipment designed for use within certain voltage limits ([3]). In the interests of clarity, that Directive should be recast.

(2) Regulation (EC) No 765/2008 of the European Parliament and of the Council of 9 July 2008 setting out the requirements for accreditation and market surveillance relating to the marketing of products ([4]) lays down rules on the accreditation of conformity assessment bodies, provides a framework for the market surveillance of products and for controls on products from third countries, and lays down the general principles of the CE marking.

(3) Decision No 768/2008/EC of the European Parliament and of the Council of 9 July 2008 on a common framework for the marketing of

低電圧指令に該当する機器は、交流50V～1000V、あるいは直流75V～1500Vの電圧範囲で使用するように設計された電気・電子機器になります。また、ACアダプタを組み合わせた製品も対象となります。例えば、ノートパソコンなどのACアダプタを組み合わせた製品は該当します。ただし、以下の機器・部品については、低電圧指令の適用外となり、別の指令の適用となります。

・爆発性の雰囲気で使用するための電気・電子機器
・放射線医学、および医療用の電気・電子機器
・貨物用、および乗客用リフトのための電気部品
・電力量計
・家庭用のプラグ・ソケット（国ごとの規制）
・電気フェンス／加盟国が加盟する国際機関が定めた安全条項に適合する、船舶、航空機、あるいは鉄道で使用するための特別な電気・電子機器

また、低電圧指令の附属書Ⅲ（ANNEX Ⅲ、図3.9参照）では、CEマーキング自己宣言に関するモジュールA（自社において整合規格による試験を実施し適合した場合は、自己宣言が可能）についての記載があります。また附属書Ⅳ（ANNEX Ⅳ、図3.10）において、欧州の各言

語による適合宣言書（DoC）の記載内容を参照することができます。

図3.9　低電圧指令の附属書Ⅲの記述

ANNEX III

MODULE A

Internal production control

1. Internal production control is the conformity assessment procedure whereby the manufacturer fulfils the obligations laid down in points 2, 3 and 4, and ensures and declares on his sole responsibility that the electrical equipment concerned satisfy the requirements of this Directive that apply to it.

2. Technical documentation

The manufacturer shall establish the technical documentation. The documentation shall make it possible to assess the electrical equipment's conformity to the relevant requirements, and shall include an adequate analysis and assessment of the risk(s). The technical documentation shall specify the applicable requirements and cover, as far as relevant for the assessment, the design, manufacture and operation of the electrical equipment. The technical documentation shall, where applicable, contain at least the following elements:

(a) a general description of the electrical equipment;

(b) conceptual design and manufacturing drawings and schemes of components, sub-assemblies, circuits, etc.;

(c) descriptions and explanations necessary for the understanding of those drawings and schemes and the operation of the electrical equipment;

(d) a list of the harmonised standards applied in full or in part the references of which have been published in the *Official Journal of the European Union* or international or national standards referred to in Articles 13 and 14 and, where those harmonised standards or international or national standards have not been applied, descriptions of the solutions adopted to meet the safety objectives of this Directive, including a list of other relevant technical specifications applied. In the event of partly applied harmonised standards or international or national standards referred to in Articles 13 and 14, the technical documentation shall specify the parts which have been applied;

(e) results of design calculations made, examinations carried out, etc.; and

(f) test reports.

3. Manufacturing

The manufacturer shall take all measures necessary so that the manufacturing process and its monitoring ensure compliance of the manufactured electrical equipment with the technical documentation referred to in point 2 and with the requirements of this Directive that apply to it.

4. CE marking and EU declaration of conformity

4.1. The manufacturer shall affix the CE marking to each individual electrical equipment that satisfies the applicable requirements of this Directive.

4.2. The manufacturer shall draw up a written EU declaration of conformity for a product model and keep it together with the technical documentation at the disposal of the national market surveillance authorities for 10 years after the electrical equipment has been placed on the market. The EU declaration of conformity shall identify the electrical equipment for which it has been drawn up.

図3.10　低電圧指令の附属書Ⅳの記述

ANNEX IV

EU DECLARATION OF CONFORMITY (No XXXX) (1)

1. Product model/product (product, type, batch or serial number):

2. Name and address of the manufacturer or his authorised representative:

3. This declaration of conformity is issued under the sole responsibility of the manufacturer.

4. Object of the declaration (identification of electrical equipment allowing traceability; it may include a colour image of sufficient clarity where necessary for the identification of the electrical equipment):

5. The object of the declaration described above is in conformity with the relevant Union harmonisation legislation:

6. References to the relevant harmonised standards used or references to the other technical specifications in relation to which conformity is declared:

7. Additional information:

Signed for and on behalf of:

(place and date of issue):

(name, function) (signature):

(1) It is optional for the manufacturer to assign a number to the declaration of conformity.

3.4 整合規格の調べ方

製品安全の要求事項を記載した規格は、製品ごとに決められています。例えば、情報機器であればIEC60950-1、試験所用機器はIEC61010-1、医療機器であればIEC60601-1などになります。どの規格を用いればよいかは、Official Journalを参照することで判断することができます。検索エンジンで「LVD」(Low Voltage Directive：低電圧指令) を検索すると、ウェブサイト (図3.11) を参照することができます。

図3.11 低電圧指令の検索結果

The Low Voltage Directive (LVD) - European Commission
ec.europa.eu/growth/sectors/electrical-engineering/lvd-directive_en ▾ このページを訳す
The Low Voltage Directive (LVD) 2014/35/EU ensures that electrical equipment within certain voltage limits provides a high level of protection for European citizens, and benefits fully from the Single Market. Electrical equipment under the LVD ...

この検索結果をクリックすると、低電圧指令のウェブサイト (図3.12) を参照することができます。

図3.12 低電圧指令のウェブサイト① (トップページ)

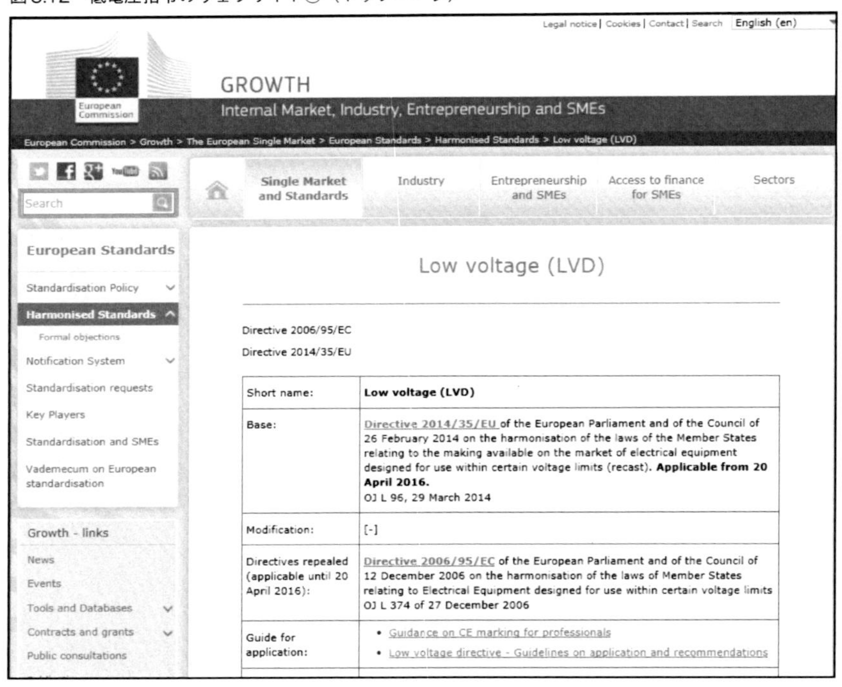

さらに、このページをスクロールすると、図3.13のような表が参照できます。

図3.13　低電圧指令のウェブサイト②（整合規格リストのトップページ）

Summary list of titles and references of harmonised standards under Directive 2014/35/EU for Low Voltage

The summary list hereunder is a compilation of the references of harmonised standards which have been generated by the HAS (Harmonised standards) database. This IT application HAS automates the process of the publication of the references of harmonised standards in the Official Journal of the European Union. Although the list is updated regularly, it may not be complete and it does not have any legal validity; only publication in the Official Journal gives legal effect.

(Publication of titles and references of harmonised standards under Union harmonisation legislation)

(Publication of titles and references of harmonised standards under Union harmonisation legislation)

ESO (1)	Reference and title of the standard (and reference document)	First publication OJ	Reference of superseded standard	Date of cessation of presumption of conformity of superseded standard Note 1
CEN	EN ISO 11252:2013 Lasers and laser-related equipment - Laser device - Minimum requirements for documentation (ISO 11252:2013)	08/07/2016		
CEN	EN 13637:2015 Building hardware - Electrically controlled exit systems for use on escape routes - Requirements and test methods	08/07/2016		
Cenelec	HD 308 S2:2001 Identification of cores in cables and flexible cords	08/07/2016	HD 308 S1:1976 Note 2.1	
Cenelec	HD 361 S3:1999	08/07/2016		

製品ごとに、該当する整合規格が決められています。図3.13および図3.14は、Official Journalから抜粋したものです。

図3.14　低電圧指令のウェブサイト③（整合規格の見方）

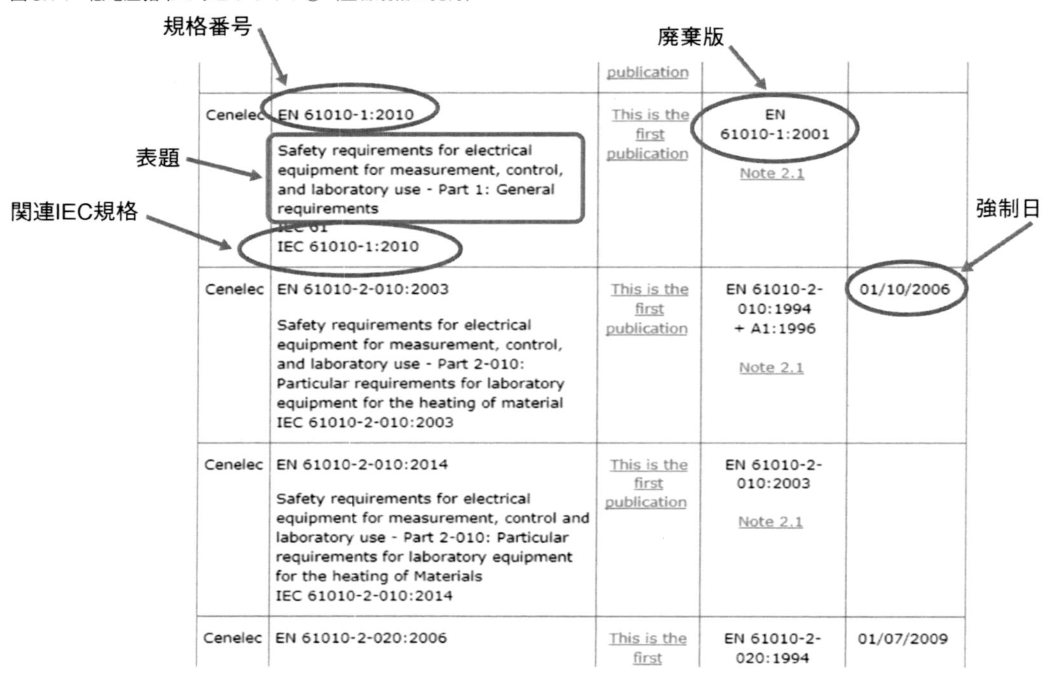

		publication		
Cenelec	EN 61010-1:2010 Safety requirements for electrical equipment for measurement, control, and laboratory use - Part 1: General requirements IEC 61 IEC 61010-1:2010	This is the first publication	EN 61010-1:2001 Note 2.1	
Cenelec	EN 61010-2-010:2003 Safety requirements for electrical equipment for measurement, control, and laboratory use - Part 2-010: Particular requirements for laboratory equipment for the heating of material IEC 61010-2-010:2003	This is the first publication	EN 61010-2-010:1994 + A1:1996 Note 2.1	01/10/2006
Cenelec	EN 61010-2-010:2014 Safety requirements for electrical equipment for measurement, control and laboratory use - Part 2-010: Particular requirements for laboratory equipment for the heating of Materials IEC 61010-2-010:2014	This is the first publication	EN 61010-2-010:2003 Note 2.1	
Cenelec	EN 61010-2-020:2006	This is the first	EN 61010-2-020:1994	01/07/2009

計測・制御・試験所用電気機器の安全要求に関する規格は、現在有効な規格としては、IEC61010-1：2010の欧州版であるEN61010-1：2010になります。この規格は、日本規格協会から有償で入手することができます。

4

第4章　製品安全の考え方

本章では製品安全の適合について解説します。「製品の安全性」とは、「その製品を使用したときに、人の生命、身体または財産に被害を与えるような事故を起こさない状態」のことを指します。

従来は、機能性、信頼性、耐久性など製品自体の「品質」を向上させることに重きが置かれていましたが、近年はこれらに加えて、使用時における安全性の確保が重要になってきています。

製品の安全性では、想定内の正常な動作状態において安全であることはもちろんのこと、「異常な状態」でも安全であることが、社会一般の当然の要求となってきています。

「異常な状態」でも安全であることとは、以下①～④のようなもので、これらの状態においても、安全性を保つことが製品に要求されます。

①「人間は間違いをするもの、機器は壊れるもの」ということを前提として、安全性を確保するために、以下のことを盛り込む必要があります。
- ・使用者が間違った使い方をしても安全でなければならない。
- ・製品が故障した状態でも安全でなければならない。
- ・経年変化、または寿命後でも安全でなければならない。

②故障・危険な状態の場合は停止します。停止できない場合はハザードまたは危険な状態から隔離することを原則とします。

③危険な状況を特定するには「危険検出型」でなく、「安全確認型」を用います。

④制御回路は「フェイルセーフ（故障しても安全側になる）」を原則とします。すなわち、保護機能・回路などを備えます。

図4.1に「異常な状態」に対する基本的な考え方を示します。

図4.1 「異常な状態」に対する基本的な考え方

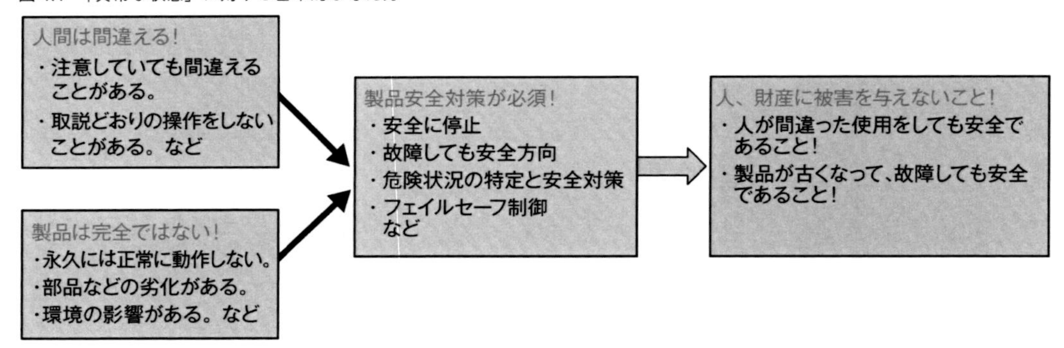

4.1　海外展開製品における製品安全の考え方

欧米では「製品の構造、動作などの中身のことを一番わかっているのは、製造業者である」ということが、一般的な考え方になっています。そのため、低電圧指令の適合宣言書の文面には「この適合宣言書は製造業者のみの責任のもとで発行される」旨の記述が必須となります。製造業者は、欧米などに製品を輸出する場合は、以下の二つの考え方とリスクアセスメントについて理解する必要があります。

(1) 製品安全の大前提

・「人は、間違える」：個々の学習経験・作業経験などに関わらず、必ず安全確保をしなければならない。
・「装置は、故障する」：装置はいつまでも安全ではなく、不変ではない。すなわち、使用環境、部品の寿命などにより故障が発生しうる。

(2) リスクアセスメントの実施

・リスクアセスメントの実施により、製品の全リスクを洗い出して、安全性を確保することが要求されている。
・欧州（EU）の低電圧指令でも、リスクアセスメントの実施とその証拠を技術文書に含めることが要求されている。
・このアセスメントは正常な使用状態だけでなく、上記の「人は間違える」、「装置は故障する」ということを前提とし、想定しうるあらゆるリスクに対するアセスメントである。

図4.2に製品安全の考え方の変遷を示します。

図4.2　製品安全の考え方の変遷

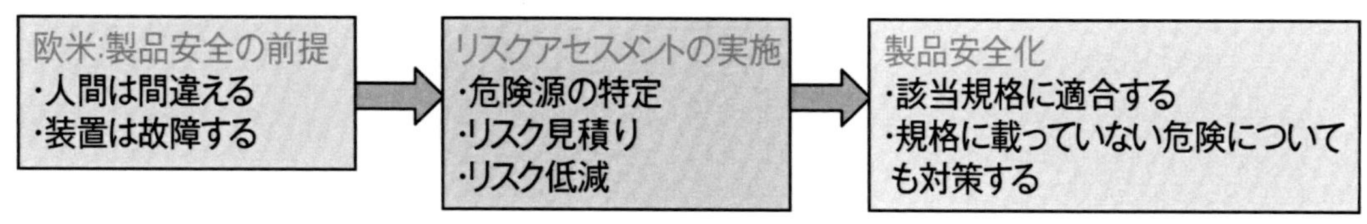

必要最小限の危険についての保護は、各整合規格で規定されており、これらへの適合が要求されています。

図4.3はIEC61010-1（計測・制御・試験所用電気機器の安全規格）で対応を要求されているハザードです。

a) 感電または電気的やけど【6章】

b) 機械的なハザード【7章および8章】

c) 機器からの火の燃え広がり【9章】

d) 過度の温度【10章】

e) 液体および流体圧の影響【11章】

f) レーザを含む放射、音圧および超音波圧の影響【12章】

g) 漏洩ガス、爆発および爆縮【13章】

h) 合理的に予見可能な誤使用および人間工学的要素に起因するハザード【16章】

i) 上記にはないハザードまたは周囲環境に対するリスクアセスメント【17章】

なおi)では、本規格に記載されていないリスクについても有無を確認して、リスクアセスメントを実施することを要求しています。

図4.3　IEC61010-1（計測・制御・試験所用電気機器の安全規格）で対応を要求されているハザード

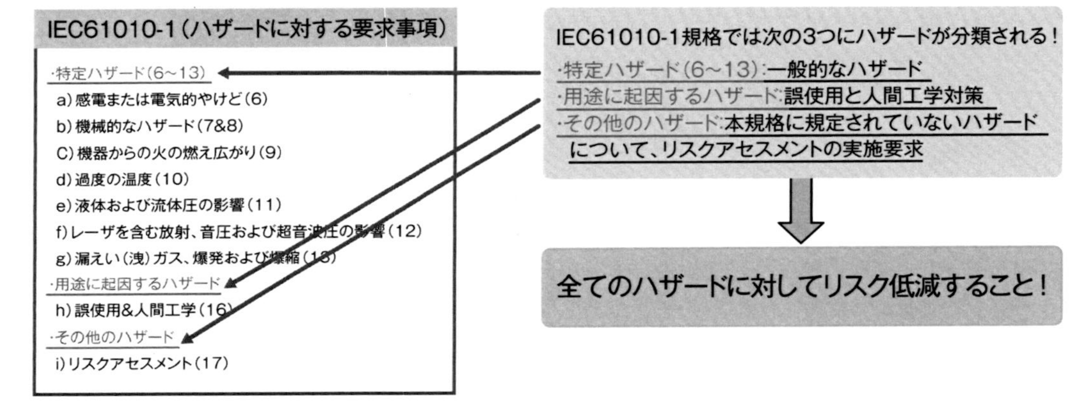

4.2 EUにおける製品安全要求事項

欧州（EU）における製品安全の要求事項は、Blue Guide（欧州ブルーガイド）の4章に記載されています。この4章では必須安全要求、トレーサビリティ要求、技術文書、EU適合宣言、CEマーキングについて解説されています。図4.4はBlue Guideに記載されている「リスクアセスメントと整合規格の利用」についてです。

図4.4　リスクアセスメントと整合規格の利用

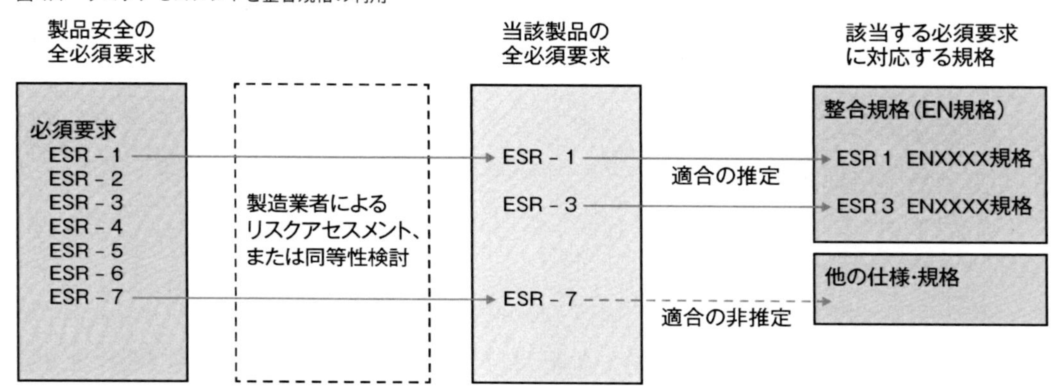

【1】製品安全要求事項の適合

(1) その製品に当てはまる全てのEU指令などが適用される。

製品安全要求事項は、高いレベルの保護を確実に提供するために立案されています。必須要求事項は、製品に伴う特定のハザードから生じるもの（例えば、物理的・機械的抵抗、可燃性、化学的・電気的または生物学的特性、衛生、放射能）、製品自体またはその性能に言及するもの（例えば、素材、設計、構造、製造工程、製造業者が作成する指示書に関する規定）、基本的な保護の目標を定めるもの（例示的リストによるもの）があります。関連するすべての公衆の利益を担保するためには、異なるEU指令の整合規格の必須要求事項が同時に適用されます。

(2) リスクアセスメント要求

製品に潜在しているハザードについて、リスクアセスメントが適用されなければなりません。したがって、製造業者は、リスク分析を行い、製品がもたらすあらゆる可能なリスクを特定し、製品に適用される必須要求事項を特定しなければなりません。また、リスクアセスメントは文書化し、技術文書内に含めることが要求されています。

製品の製造にあたって、必須要求事項を満たすためにEU指令の整合規格を用いても、製造業者はさらなるリスクアセスメントを実施し、すべてのリスクをカバーできているか否かをチェックしなければなりません。

【2】トレーサビリティ要求

トレーサビリティ要求は、製品の履歴を追跡可能にするための要求です。これにより、市場監視当局は製品のCEマーキングへの適合確認のために、製造企業や輸入企業を見つけだし、製品コンプライアンスの証拠を得ることができるようになっています。この手段として、製品に識別ラベルを貼付することが製造業者に要求されています。

【3】技術文書

製造業者は技術文書を作成する義務があります。技術文書は、製品の設計、製造、操作に関する情報を当局に提供することを目的としています。内容については、低電圧指令などのEU指令に適合しているという根拠、保管期限などを記載することが求められます。

【4】EU適合宣言書

EU内の製造業者または権限を与えられた欧州代理者は、ニューアプローチ指令で規定されている適合証明として、EU適合宣言書を作成し、署名しなければなりません。このEU適合宣言書には、製造元、認可された代理人、欧州認定機関が関与する場合にはその欧州認定機関名、製品名、整合規格に関係する事項の言及など、EU指令を特定するためのすべての関連情報が含まれていなければなりません。対象の製品がEUの適合宣言を必要とする複数のEU指令に該当する場合は、単一の適合宣言書で問題ありません。

4.3　製造業者の義務と責任

電気・電子機器の製造業者は、製品の企画段階から、設計、製造、販売、使用、保守、および破棄に至る製品のライフサイクルの全段階において、危険性を低減するために必要な安全対策を講じていく必要があります。図4.5は製造業者の義務をまとめた図です。

図4.5　製造業者の義務

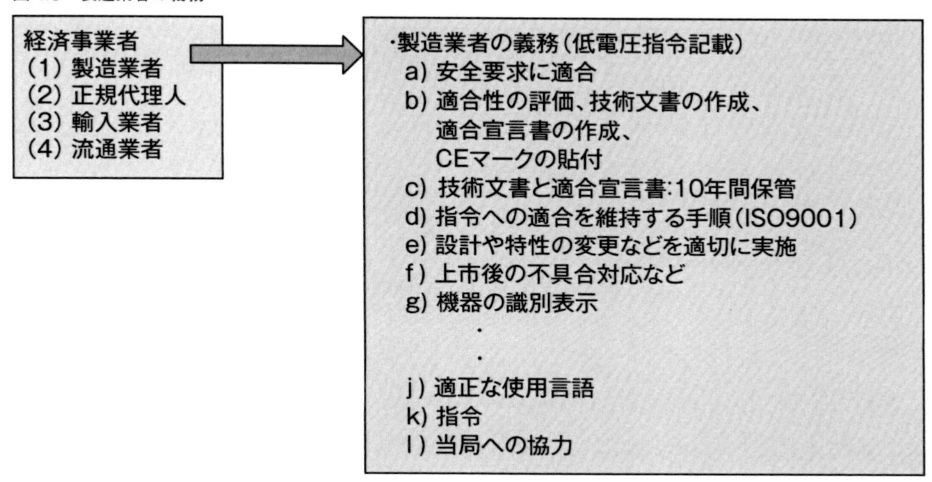

【1】製造業者の義務

EUのCEマーキングで製造業者とは、機器の生産を行い、あるいは設計／生産された機器を入手し、自らの名前や商標を付して市場に出す個人や法人のことを示します。低電圧指令では、経済事業者（製造業者、正規代理人、輸入業者、流通業者）のさまざまな義務が記載されています。その中で製造業者の義務として実施すべきことが、以下のように規定されています。

a)低電圧指令の安全要求に適合しなければならない。

b)適合性の評価、技術文書の作成、適合宣言書の作成、CEマークの貼付を行う。

c)技術文書と適合宣言書をその機器が市場に出されてから10年間保管する。

d)生産された機器の指令への適合を維持する手順があることを確かとする。

e)機器の設計や特性の変更、整合規格などの変更を適切に実施する。

f)機器が与えるリスクに対して適切と考えられる場合、市場に出された機器の抜き取り試験、機器の不適合の調査や苦情の記録などを行い、またそのような監視のことを流通業者に知らせる。

g) 機器にその識別を可能とする情報（型式、製造番号など）が付けられていることを確かとする。

h) 機器の大きさや性質のために機器への表示が不可能な場合、この情報は梱包や添付文書に記載する。

i) 製造業者の名前、登録商号か登録商標、および連絡可能な単一の住所を機器に表示する。機器に表示することが不可能な場合には梱包か添付文書に表示する。
この場合、エンドユーザと市場監視機関が容易に理解できる言語で記載しなければならない。

j) 取扱説明と安全情報が、消費者やその他のエンドユーザが容易に理解できる言語で付けられていることを確かとする。これらの指示や安全情報や、全てのラベルは、明確でわかりやすいものでなければならない。

k) 市場に出した機器が指令に適合していないと判断した場合、その機器を適合させるために必要な処置、回収、あるいはリコールを早急に実施する。
さらにその機器がリスクを与える場合には、その機器が流通した国の当局に連絡する。

l) 当局からの要求があった場合、指令への適合を示す全ての情報を、当局が容易に理解できる言語で提出する。そして当局から要請があった場合、市場に出された機器がもたらすリスクの除去のための全ての活動に協力する。

【2】製造物責任

欧州では、製造物責任に関する指令（85/374/EEC）があります。この指令の対象は、個人または私有財産への損害の原因となるEU域内で製造された、あるいはEU域内に輸入されたあらゆる製品が対象です。製造業者とは、最終製品の製造業者、または最終製品の構成部品の製造業者、原材料の生産者、あるいは（商標貼付などにより）自身を製造業者として提示する者です。また、第三国からEU市場に製品を投入する輸入業者は、すべて製造業者責任に関する指令により製造業者とみなされます。もし、製造業者の欠陥製品が原因で、死亡、負傷など個人に損害を及ぼした場合、および私有財産（私用物品）に損害が発生した場合、その補償が要求されます。

4.4　電気・電子製品に潜むハザードとリスク

リスクを考慮した製品の設計を行うためには、まずその製品がどのような動作条件・環境で使用されるかを想定し、どのような潜在的ハザードがあるか、また、そのリスクがどの程度のものなのかを分析・評価した上で対策をする必要があります。

ハザードはエネルギーの存在するあらゆるところに存在します。ハザードになりうるエネルギー源としては機械、電気、化学、熱などが考えられます。

リスクアセスメントを実施するときの参考として、表4.1に一般的なハザードの例を示します。

表 4.1　一般的なハザードの例

ハザード	内容など
機械的ハザード	可動する機械と直接人が接触すること、機械や装置に巻き込まれる、または挟まれるなどの結果として生じるハザード
電気的ハザード	電気に起因するハザードであり、次のような原因により危害を生じる可能性がある ・直接接触（充電部との接触、正常な運転時に加電圧される導体または導電性部分） ・間接接触（不具合状態のとき、特に絶縁不良の結果として、充電状態になる部分） ・充電部への、特に高電圧領域への人の接近 ・合理的に予見可能な使用条件下の不適切な絶縁 ・帯電部への人の接触などによる静電気現象 ・熱放射 ・短絡もしくは過負荷に起因する化学的影響のようなまたは溶融物の放出のような現象 ・感電によって驚いた結果、人の墜落（または感電した人からの落下物）を引き起こす可能性がある
熱的ハザード	人間が接触する表面の異常な温度（高低）により生じるハザード ・極端な温度の物体または材料との接触による、火炎または爆発および熱源からの放射熱によるやけどおよび熱傷 ・高温作業環境または低温作業環境で生じる健康障害
騒音によるハザード	機械から発生する騒音により、次のような結果を引き起こすハザード ・永久的な聴力の喪失 ・耳鳴り ・疲労、ストレス ・平衡感覚の喪失または意識喪失のようなその他の影響 ・口頭伝達または音響信号知覚への妨害
振動によるハザード	長い時間の低振幅または短い時間の強烈な振幅により、次のような危害を生じるハザード ・重大な不調（背骨の外傷および腰痛） ・全身の振動による強い不快感 ・手および／または腕の振動による白蝋障害のような血管障害、神経学的障害、骨・関節障害
放射によるハザード	次のような種類の放射により生じるハザードであり、短時間で影響が現れる場合、または長期間を経て影響が出る場合もある ・電磁フィールド（例えば、低周波、ラジオ周波数、マイクロ波域における） ・赤外線、可視光線、紫外線 ・レーザ放射 ・X 線および γ 線 ・α 線、β 線、電子ビームまたはイオンビーム、中性子
材料および物質によるハザード	機械の運転に関連した材料や汚染物、または機械から放出される材料、製品、汚染物と接触することにより生じる次のようなハザード ・例えば、有害性、毒性、腐食性、はい（胚）子奇形発生性、発がん（癌）性、変異誘発性および刺激性をもつ流体、ガス、ミスト、煙、繊維、粉塵、ならびにエアロゾルを吸飲すること、皮膚、目および粘膜に接触することまたは吸入することに起因するハザード ・生物（例えば、かび）および微生物（ウイルスまたは細菌）によるハザードなど
機械設計時における人間工学原則の無視によるハザード	機械の性質と人間の能力のミスマッチから生じる次のようなハザード ・不自然な姿勢、過剰または繰り返しの負担による生理的影響（例えば、筋・骨格障害） ・機械の“意図する使用”の制限内で運転、監視または保全する場合に生じる精神的過大もしくは過小負担、またはストレスによる心理・生理的な影響 ・ヒューマンエラー
滑り、つまずきおよび墜落のハザード	床面や通路、手すりなど不適切な状態、設定、設置により生じるハザード
ハザードの組み合わせ	上に挙げたハザードがさまざまに組み合わされることにより生じるハザード 個々には取るに足らないと思われても重大な結果を生じる恐れがある

5

第5章　計測・制御・試験所用電気機器の安全規格IEC61010-1

◉

5.1　IEC61010-1：2010の体系と構成

対応すべき規格の選定で、IEC61010-1とすることが決まったら、まず、規格書を購入し読んでみます。規格書は日本規格協会のウェブサイト（www.jsa.or.jp/）から購入できます。

IEC61010-1は、百数十ページで構成されています。なかなか読むのは大変ですが、まずは自社で製造している機器が規格のどの部分に該当するか、といった視点から眺めてみるとよいでしょう。または最初に目次を見て、対象機器に関係するハザードを拾いながら読むこともお勧めします。規格書の本文は、約80ページですので、その部分だけでも、とにかく先に読んでしまうのもよいでしょう。

本章では、このIEC61010-1：2010の規格書の内容について解説します。

IEC61010-1規格は全17章からなり、図5.1のような体系で構成されています。

図5.1　IEC61010-1：2010の体系

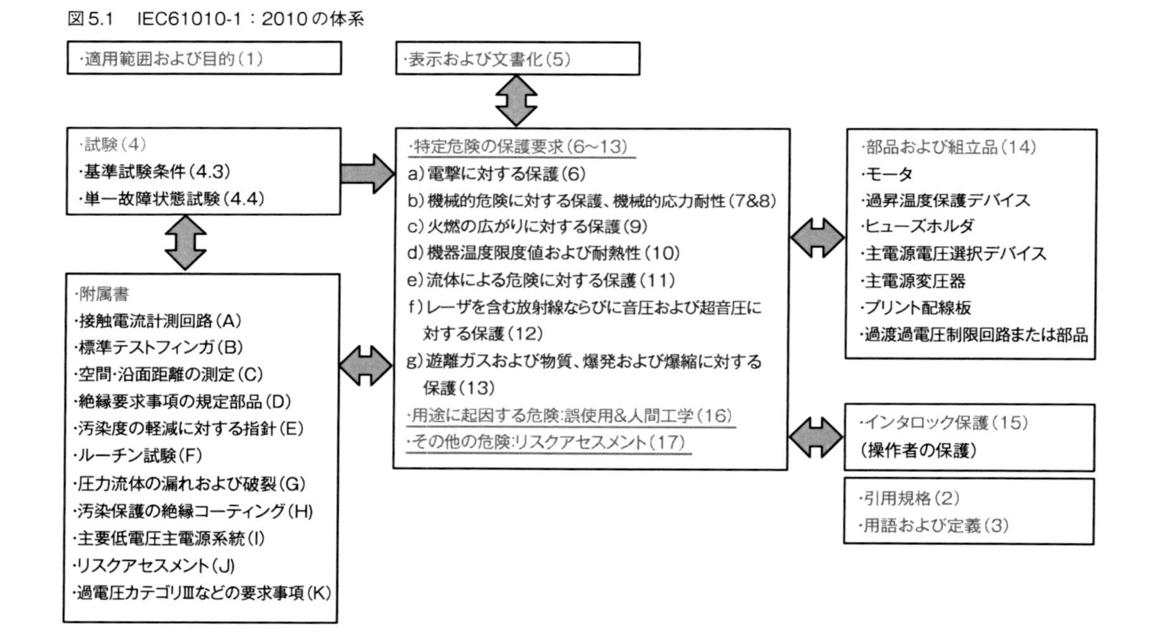

1章は、適用範囲および目的について記載されています。対象機器の適用範囲が示されています。

2章、および3章は、引用規格、用語および定義について記載されています。

4章は、安全性に関する試験の条件および試験を実施する製品の通常状態と単一故障状態について定めています。

5章は、製品安全に関して製品の表面に記載する表示と取扱説明書などに確実に記載する情報について定めています。

6章〜13章は、機器に潜在しているハザードを示すとともに、安全性を高めるための保護方法の要求が定められています。

14章は、機器で使用している部品（コンポーネント）、組立品（アセンブリ）の要求について規定しています。

15章は、人体を危険から安全に隔離するためのインタロックについて規定しています。

16章は、人が取扱説明書に記載された方法で操作しなかった場合でも、機器が危険状態にならないことを求めています。また、人間工学的に、危険が発生しないような、構造・表示・端子配列などを考慮することを求めています。

17章は、リスクアセスメントの実施要求です。

さらにIEC61010-1は、本文だけでなく附属書も確認する必要があります。附属書A〜Kには、規格の4章、6章〜13章、17章における詳細な規定・参考について記載されているので、目を通す必要があります。

ここでは、IEC61010-1の1章から5章までの内容を紹介します。その中には、規格書の読み方、本規格の適用範囲に関すること【1章】、引用規格【2章】、用語および定義に関すること【3章】、試験に関すること【4章】、製品に対する表示・文書に関すること【5章】が含まれます。具体的なハザードや試験については、本書の第6章以降で説明します。この章では、規格の基本的な内容を理解してください。

5.2　IEC61010-1の適用範囲と引用規格

規格書の1章では、本規格を適用する範囲、本規格で対処しなければならない安全要求事項、さらには本規格に該当する電気・電子機器が使用される環境条件などが定義されています。そのため、この1章に該当しない機器は、ほかの規格を参照することとなります。例えば、情報機器であればIEC62368-1、医療機器であればIEC60601-1が適用されます。ただし、計測・制御・試験所用電気機器であっても、機械的な要素も含まれる機器である場合、機械指令の整合規格IEC60204-1が適用される、といったように、ケースによって適用する規格が変わることがあります。そのような場合、EU域内で機器を販売する業者に確認したり、認定試験機関に相談する必要があります。また、リスクアセスメントを行った結果、リスクとなりうる事象が出てきたときには、他の規格を取り入れることも検討する必要があります。

【1】本規格が適用される範囲

本規格が適用される機器は、主に以下の4種類です。

①試験用および測定用電気・電子機器
②工業プロセス制御用電気・電子機器
③試験室用電気・電子機器
④機器の一部を構成するコンピュータ機器など

これらの4種類の機器には、以下のものも該当します。

例えば、①には、測定用電気・電子機器本体のみならず、信号発生器、電源など測定に付随する機器も対象となります。③には、材料の物理量を測定する機器、測定結果を指示する機器（電流計など）、監視、検査、分析機器など多種にわたるものが含まれています。また、体外診断（自己検査用など）機器も含まれます。④では、電気・電子機器に組み込まれたコンピュータ、機器専用の制御用コンピュータが該当します。

IEC61010-1に該当しない機器の例と、代わりに適用する規格を表5.1に示します。

【2】本規格で想定されるハザード

本規格では、いくつかのハザードが規定されています。ハザードには感電・電気的やけどに関するもの、機械的な要因からのもの、火炎に関するもの、過度の温度に関するもの、流体に関するもの、放射源（レーザを含む）に関するもの、ガスの漏洩、爆発などに関するもの、誤使

表5.1　IEC61010-1に該当しない機器の一覧

機器の例	代わりに適用する規格
機械の電気・電子機器	IEC60204-1
手持形プローブアセンブリ	IEC61010-031
オーディオ、ビデオおよび類似の電子機器	IEC60065／IEC62368-1
情報技術機器	IEC60950-1／IEC62368-1
家庭用およびこれに類する電気・電子機器	IEC60335-1
低圧電気設備	IEC60364-1
変圧器、電源装置、リアクトルおよびこれに類する装置	IEC61558-1
医用電気・電子機器	IEC60601-1
低電圧開閉装置および制御装置アセンブリ	IEC61439-1
活線作業-電圧検出器-第3部：2極、低電圧タイプ	IEC61243-3

用に関するものなどがあります。またこの規格に記載された以外のハザードに対しても、リスクアセスメントを行う必要があります。自社の機器が該当するハザードを本規格書や事故事例などにより、洗い出します。社内の直接の製品担当者のみならず、営業担当者も参画して、幅広い分野にわたって検討することをお勧めします。

安全が要求される部品以外の信頼性に関するもの、包装に関するもの、EMC（電磁両立性）に関するもの、爆発性雰囲気への保護方策などの項目については、本規格では対象となっていませんが、製品を輸出する際には、使用環境により別の規格の対応が必要となります。

【3】安全要求に対する検証方法

本規格では、安全に関する要求事項が定められており、①検査、②型式試験、③ルーチン試験、④リスクアセスメントの4種類があります。一般的に試験所で行われるものは、②の型式試験になります。感電の恐れがある機器は、③のルーチン試験を行うことが求められます。また④のリスクアセスメントを行い、リスクの低減化の活動を行うことが必要です。

【4】電気・電子機器を使用する環境条件

電気・電子機器を使用する環境条件をあらかじめ定義し、それに合わせて製造する電気・電子機器の仕様を決めることが求められます。表5.2に、通常の環境と拡張した環境を示します。これらの環境において安全性が保たれているかの検証を行う必要があります。

【5】IEC61010-1の引用規格

IEC61010-1規格は、規格書2章のようにさまざまな規格を引用しています。例えば、電気的な安全性に関わる絶縁に関する要求事項がありますが、これはIEC60664などを引用しています。引用規格には年号が記載されていない場合がほとんどです。これは、本規格の制定時の最

表 5.2　電気・電子機器の仕様を決める環境条件

	通常の環境条件	主な拡張した環境条件
機器の設置場所	屋内	屋外
使用する場所の高度	2000m 以下	2000m を超える
周囲温度	5℃以上 40℃以下	5℃未満 40℃を超える
相対湿度	5℃～31℃：80％、および 31℃を超えるとき：40℃において 50％まで直線的に減少	左記の範囲外
主電源電圧変動	公称電圧 ± 10％	公称電圧 ± 10％を超える
過渡過電圧	過電圧カテゴリⅡまで	過電圧カテゴリⅢまたはⅣ
汚染度	汚染度 2	

新版の規格を引用します。

5.3 用語および定義

規格書3章では、用語および定義が紹介されています。まず、約50個のこれらの用語および定義を押さえながら規格書を眺めてください。表5.3に用語とその定義を示します。

表5.3　用語の定義：(1) 機器と機器の状態に関する用語

用語	定義
固定形機器	支持物または特定の場所に固定して使用する機器
永続接続形機器	工具を用いたときに取り外しができる機器。永続的に接続する機器
携帯形機器	手で持ち運びする機器
手持形機器	片手で正常に使用する機器
工具	機械的な作業を補助するための道具。鍵・硬貨を含む
ダイレクトプラグイン機器	電源コードが取り外しできる機器

表5.3　用語の定義：(2) 部品および付属品に関する用語

用語	定義
端子	外部胴体にデバイスを接続するための部品
機能接地端子	回路上、0Vの基準端子のこと。電気的に接続した機能を目的とした接地。電気安全用接地端子以外に用いる
保護導体端子	電気安全の目的のための接地端子
外装	外部の影響から機器を保護する部分
保護用バリア	機器内部に直接接触できないように保護する部分。ケース、カバー、遮蔽、ドア、ガードが該当する。またインタロックとの連動がある

表5.3　用語の定義：(3) 量に関する用語

用語	定義
定格値	機器などの動作に対して、製造業者が指定する数値
定格	定格値と動作条件の組み合わせ
動作電圧	機器の入力定格電圧で、最大の交流実効値または直流電圧

表5.3　用語の定義：(4) 試験に関する用語

用語	定義
型式試験	要求事項を検証するサンプル1個以上の試験
ルーチン試験	製造した機器ごとに個別に行う適合性試験

表5.3　用語の定義：(5) 安全性に関する用語

用語	定義
接触可能	標準テストフィンガまたはテストピンで触れることができること
ハザード	潜在している危険源
危険な活電	感電または火傷の危険がある状態
主電源	電力供給のためのシステム
主電源回路	電力供給のために接続する回路
保護インピーダンス	インピーダンスにより感電保護を行う部品など
保護接続	接触可能な導電性または保護遮蔽を接地端子へ接続し、感電を防止すること
正常な使用	取扱説明書に沿った使用または待機
正常状態	ハザードから守る保護手段が機能している状態
単一故障状態	一つの保護手段の故障または一つのハザードになる故障が存在する状態
操作者	機器を意図する目的のため操作する人
責任団体	安全・保守に責任をもつ個人または団体
湿った場所	水・導電性液体が機器に存在する場所。感電の恐れがある
合理的に予見可能な誤使用	意図していない使用方法、予測可能な人間の行動から起こりうる使用
リスク	危害の発生確率と程度の組み合わせ
許容可能なリスク	社会通念上受け入れられるリスク
過電圧カテゴリ	過渡過電圧を定義する値
過渡過電圧	短時間過電圧
一時的過電圧	電源周波数における長期的な過電圧

表5.3　用語の定義：(6) 絶縁に関する用語

用語	定義
基礎絶縁	活電部（人が触れたときに感電する危険が起こる部分）から保護する基礎的な絶縁
補強絶縁	基礎絶縁に追加した絶縁。感電保護を目的とする
二重絶縁	基礎絶縁と補強絶縁を合わせた絶縁
強化絶縁	感電保護を目的とした、二重絶縁以上の保護のための絶縁
汚染	絶縁不良を起こす固体・液体・気体などの異物が付着した状態
汚染度	周囲環境による汚染のレベル
汚染度1	汚染なしまたは被導電性の汚染のみで、汚染の影響がない
汚染度2	結露による非導電性の汚染
汚染度3	導電性の汚染または結露による導電性の汚染
汚染度4	継続的な導電性の汚染。導電性の塵・雨・湿気による
空間距離	二つの導電性部分間の最小空間距離
沿面距離	二つの導電性部分間の表面に沿った最小距離

5.4 試験

ここでは、検証方法に関する試験（型式試験、ルーチン試験など）について説明します。これは規格書4章に該当します。試験方法において、以下のことが決められています。

試験所で行う試験は、型式を代表する試作機を用いた型式試験です。ただし、次章で説明する感電の危険性がある製品に対しては、製品ごとに行うルーチン試験が必須となります。

試験について重要な点をいくつか挙げておきます。

・規格に決められた要求事項よりも過酷な条件で試験することも可能です。例えば、印加電圧1740Vで耐電圧試験を行うことが決められている場合、試験機の出力電圧が2000Vにしか調節できないときは、2000Vで試験してもよいということになります。
・製品を構成するサブアセンブリの試験が、安全に関する要求事項を満たしている場合には、そのサブアセンブリの試験を繰り返す必要はありません。ただし、IEC60950-1の安全性を満たした電源を本規格に適用する場合には、耐電圧試験の印加電圧が異なることから、IEC61010-1に基づき試験を行う必要があります。
・機器および設計文書のレビューにおいて、安全性が確実な試験項目は、実施する必要はありません。例えば、モータがない機器の場合、モータの故障を想定した試験は必要ありません。ただし、リスクが考えられる試験については、実施する必要があります。
・試験は、正常状態と単一故障状態の両方で行います。

【1】正常状態の試験

正常状態の製品で行う試験の環境は、表5.4に示すとおりです。

表5.4　試験を行う環境について

環境条件	環境範囲
温度	15℃～35℃
湿度	75％以下
気圧	75kPa～106kPa
外気の条件	霜、結露、水の浸み出し、雨水、直射日光などがないこと

正常状態の条件では、表5.5の項目に対して、カバーおよび着脱可能部品の有無は「不利な条件」で試験を実施します。なお、試験の結果は、記録に残します。

表5.5　正常状態の条件

項目	条件
機器の配置	通常の使用状態（取説などに記載した状態）
付属品	基本的に併用する
カバーおよび着脱可能部品	有無は不利な方
主電源	定格電源電圧の90％～110％
入力電圧および出力電圧	定格電圧範囲内の任意の電圧に設定
接地端子	接地する
制御器	工具を使用しない調整可能な制御器は任意の位置
機器接続	通常は接続する
モータ負荷	正常な使用状態
出力	基本的に定格
短時間動作または間欠動作の機器	最長定格時間
試料・材料の負荷および充填	基本的には負荷する

【2】単一故障状態の試験

単一故障条件においては、以下の故障を再現して試験を行います。

保護インピーダンス、保護導体（アース線）、短時間動作または間欠動作の機器または部品、モータ、コンデンサ、主電源変圧器、出力、複数電源機器、冷却、加熱デバイス、絶縁、インタロック、電圧選択器などの故障を想定します。

例えば、感電に関する漏れ電流試験を実施したとき、製品の正常状態で試験するだけではなく、保護導体（アース線）を切断したときの電気的試験が必要です。

単一故障を適用した試験については、試験を実施して変化が起きなくなるまで（温度上昇であれば飽和するまで）機器を動作させます。通常の試験時間は1時間程度です。感電、火の燃え広がりなどの検証では、ハザードが発生するまで、または4時間程度試験を実施します。

また、過電流保護のための電流制限デバイスの試験に関しては、最高温度を測定します。例として、ヒューズが約1秒以内に作動しない場合は、ヒューズが短絡した故障状態で確認します。

なお、故障状態適用後の感電保護の適否について、以下の検証を行います。

・活電状態（感電の恐れがある状態）の電圧測定
・絶縁に対する耐電圧試験
・温度測定
・火の燃え広がりのチェック
・その他のハザードの確認

5.5　表示および文書

【1】表示

ハザードがある製品には、適切に表示を行ってそれが使用者にわかるようにしなければなりません。そのため、機器の表面に、機器の仕様、リスクに関する情報を表示する必要があります。

カバー、扉、ラックまたはパネルなどが機器に付いている場合、取り外したときや開けたときに表示が見えるようにします。機器の底面への表示は、手持形機器や表示面積が制限されている場合を除き、避けた方が望ましいです。

この表示については、表5.6の記号を用います。

表5.6　表示の例

番号	記号	内容
1		直流
2		交流
3		交直両用
4	3~	三相交流
5		接地端子
6		保護導体端子
7		フレームまたはシャーシ端子
8		使用しない
9		電源オン
10		電源オフ
11		二重絶縁または強化絶縁で保護されている機器
12		注意:感電の可能性
13		注意:高温表面
14		注意
15		ラッチ付き押しボタンスイッチ（押されている状態）
16		ラッチ付き押しボタンスイッチ（押されていない状態）
17		電離放射線

識別のための表示としては、以下の事項を表示します。これらの表示は、検査して確認します。
製造に関する情報としては、製造業者または供給者の名称または登録商標（2か所以上の場所で製造する場合は識別すること、工場の所在地はコードによる表示も可能）、機器の型名、名称、シリアルナンバーなどです。
また、主電源に関する情報としては、電源の種類（交流か直流かを記号により識別します。表5.6の番号1～3の記号を用います）、定格電源電圧または電源電圧の定格範囲（例：230V、100V-240Vなど）、全ての付属品およびプラグインモジュールを接続したときの有効電力（W）、皮相電力（VA）の最大定格電力、設定電圧の表示、主電源アウトレットの電圧表示などです。
これらの表示には、表示自体の耐久性が求められています。表示が使用途中で剥がれてはいけません。そのため、70%のイソプロピルアルコールを浸した布で30秒間、過度の圧力を加えずに表示を手でこすり、剥がれないことを検証します。

【2】文書

以下の内容を文書（取扱説明書など）に記載する必要があります。

・機器の用途
・技術的仕様
・サポートが得られる製造業者または販売業者の名称および住所
・機器に関する情報など

表5.7に機器に関して表示する情報を示します。
機器を安全にメンテナンスできるように、製造業者は詳細な説明書を作成し、メンテナンス業者などに対して提供する必要があります。例としては、指定した主電源コード以外のコードは使用しないこと、交換可能な電池について、特定の電池を使用する場合、電池の型名を明記することなどがあります。
製造業者は、検査を行う担当者が製造業者なのか、または、代理人なのかを指定し、供給する部品の指定などを行う必要があります。交換可能なヒューズについては、間違った定格のヒューズを取り付けることがないように、定格および溶断特性を明記します。
また、検査を行う際の安全確保のため、製品リスク、それに対する保護方策、修理後の装置の安全性に関する検証方法についての情報をメンテナンス担当者に文書で提供しなければなりません。
システムへの組み込みによる影響、または特別な条件による影響でハザードが生じうる場合には、文書に記載する必要があります。

表5.7　機器に表示する情報

項目	内容
機器に関する情報	・機器の用途 ・技術的仕様 ・製造業者または販売者の名称と住所 ・定格、設置、操作、保守・サービス、組み込みなど ・リスクアセスメント実施後に残るリスクの軽減方法 ・製造業者の仕様を満たす付属品だけを用いなければならない旨の指示 ・有害な物質もしくは腐食性の物質、または危険な活電状態の電気量を測定、指示または検出するとき、誤解を与える表示が原因でハザードになりうる場合：その機器が正常に動作しているかの判断法に関する指針 ・持ち上げおよび運搬のための指示
機器の定格	・電源に関する定格 ・全ての入力および出力接続に関する説明 ・外部回路の絶縁定格 ・意図した環境条件範囲 ・IPコード（汚染度） ・5J未満の衝撃定格の機器に関する情報
機器の設置	・組立、設置場所および据付に関する要求 ・保護接地の指示 ・電源への接続 ・永続接続形機器に関しては、①電源配線の要求、②外部のスイッチまたは回路遮断器、および外部の過電流保護デバイスに関する要求 ・換気に対する要求 ・空気、冷却液などへの特別な保守・点検などの要求 ・騒音レベルに関する指示
機器の操作	・全ての操作モードにおける操作制御器の識別および説明 ・開放デバイスの操作が困難な機器の配置をしない旨の指示 ・付属品および他の機器への相互接続に関する指示 ・間欠動作に対する限度の仕様 ・機器上に表示した安全性に関する記号の説明 ・消耗品の交換に関する説明 ・清掃および汚染除去に関する指示 ・潜在的に有毒または有害な物質および生じうる量のリスト ・可燃性液体に関するリスク低減の手順 ・温度限度を超えることが許容される表面での火傷のリスクの低減方法

6

第6章　電気的な安全要求

◉

ここでは、IEC61010-1の電気安全で重要な、感電に関する要求事項について紹介します。

製品の設計にあたっては、正常な状態だけでなく、単一故障状態においても感電が起こらないようにする必要があります。特に人体が接触できる機器の表面に危険な電圧が印加されないようにします。人体が接触可能な部分と大地との間で感電しないように、電流、電荷またはエネルギーが許容されるレベルを超えないように設計します。

接触可能な部分の判定は、テストフィンガやテストピンを用います。また、機器の表面に触れて電気的に感電しないように、漏れ電流を測定します。

感電の可能性はありますが、電球の各部および電球を取り外した後の電球ソケットのような事例は除外します。

また操作者が交換することを意図する部分（例えば、電池）では、部品の交換時やほかの作業において感電する恐れがある場合、これらへの接触は工具を用いたときのみ可能であることが求められます（この場合、警告表示が必要です）。

6.1　接触可能部分の判定

機器に存在する穴（換気口など）を通して人体が危険な充電部に接触可能かどうかを判定します。この場合、テストフィンガおよびテストピンを用います。また、絶縁とは無縁のカバーを外した場合も、接触できるものとみなします。接触の可能性がある作業としては、カバーの取り外し、ドアの開放、制御器の調節、消耗品の交換、部品の取り外しなどです。

人体が接触可能かどうかを判定するため、一体型テストフィンガを用います。穴に向けてテストフィンガに10Nの力を加えて挿入します。また、接合型テストフィンガは180mmの深さまで挿入します。

テストフィンガを挿入する部分は、機器の内部、機器の外部、危険な活電部分（感電の恐れがある機器の表面）、テストフィンガ先端が接触可能とみなす部分などです。テストフィンガを外装に押し当てている状況を図6.1に示します。

図6.1　テストフィンガによる接触の確認

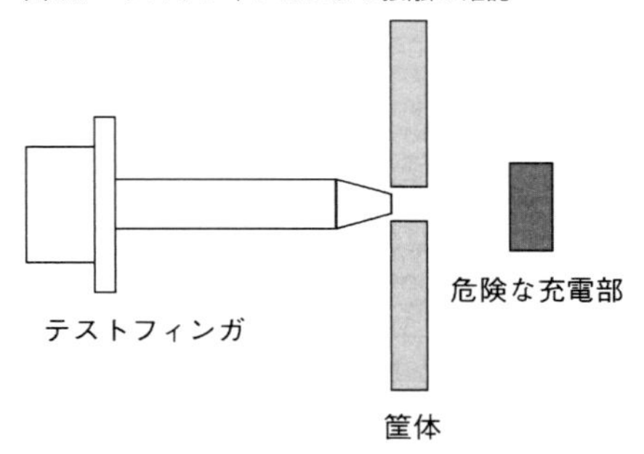

①危険な活電部（明らかに感電を起こす電圧が発生している機器の表面）の近くに開口部がある場合は、金属製テストピン（長さ：100mm、直径：4mm）を開口部に挿入します。ピンを100mmの深さまで差し込み、危険な活電部と接触しないことを確認します。

②機器の調節のための開口部がある場合は、工具を用いて調節できる調節器に対して、金属製テストピン（直径3mm）を挿入します。挿入させるピンを到達させる長さは、調節器までの距離の3倍または100mmの短い方を選択します。

6.2　接触可能部分の電気的な許容値

人体が接触可能な部分の電圧の許容値（表6.1）、電流の許容値（表6.2）、静電容量の許容レベル（表6.3）を示します。この電気的な許容値を超える場合には、接触できないような保護（カバーを取り付ける、インタロックなど）が必要です。また、電圧に対する最大持続時間を図6.2に、電圧対容量レベルを図6.3に示します。最大持続時間、容量レベルが許容値を超えないような、保護設計をする必要があります。

表6.1　電圧の許容値

状態	交流電圧レベル、実効値[V]	ピーク値[V]	直流電圧レベル[V]
正常状態	33	46.7	70
正常状態（湿った場所）	16	22.6	35
単一故障状態	55	78	140
単一故障状態（湿った場所）	33	46.7	70

表6.2　電流の許容値

状態	測定回路	許容レベル
正常状態	A1	正弦波：実効値0.5mA、非正弦波・混合周波数：ピーク値0.7mA、 直流2mA
正常状態（100Hzを超えない）	A2	
正常状態（湿った場所）	A4	
正常状態（やけどの危険）	A3	実効値70mA
単一故障状態	A1	正弦波：実効値3.5mA 非正弦波・混合周波数：ピーク値5mA、直流15mA
単一故障状態（100Hzを超えない）	A2	
単一故障状態（湿った場所）	A4	
単一故障状態（やけどの危険）	A3	実効値500mA

表6.3　静電容量許容レベル

状態	容量レベル
正常状態	電荷：45μC（直線A）
単一故障状態	直線B（図6.3）

図6.2　電圧に対する最大持続時間

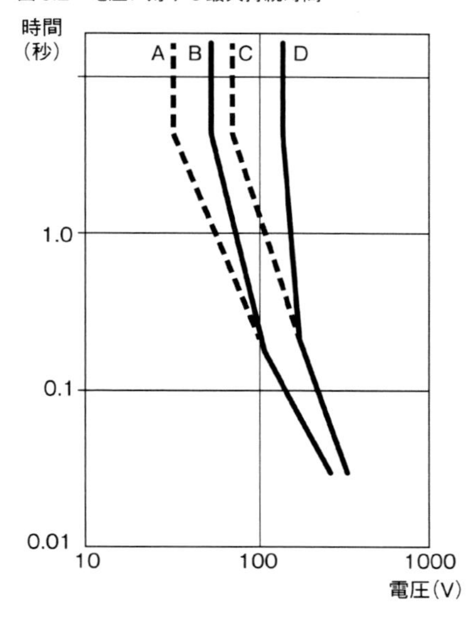

A：湿った状態（交流）、B：湿った状態（直流）
C：乾燥状態（交流）、D：乾燥状態（直流）

図6.3　電圧対容量レベル

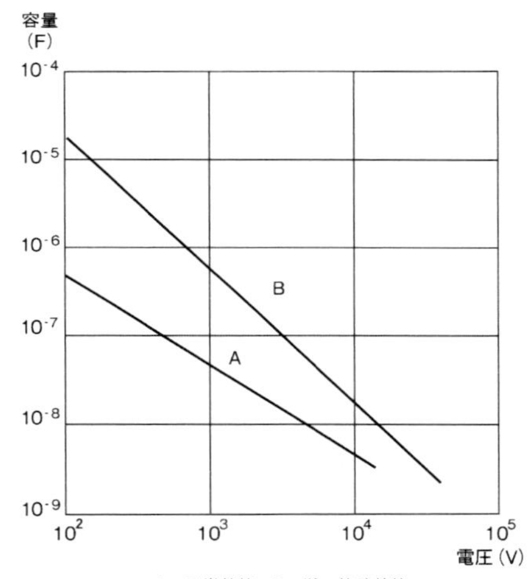

A：正常状態、B：単一故障状態

6.3　感電を防止するための保護手段

感電が起こりうる接触可能部分に対しては、外装・保護バリア（絶縁性のある筐体やカバーなど）および基礎絶縁を設けて人体と直接接触させないことや、インピーダンス（直流や交流の電流を逃がす抵抗成分など）を設置して電流を逃がすことで感電を防止します。

【1】外装・保護バリア

感電を防止する外装・保護バリアは、剛性（機械的な衝突で変形や破損がないこと）に対する要求があります。また、基礎絶縁として、相当する空間距離、沿面距離が必要です。

【2】基礎絶縁

接触可能部分は、危険な活電部分に対して、基礎絶縁および固体絶縁が求められます。

【3】インピーダンス

インピーダンスを使って電流を逃がします。この場合、電流または電圧が、6.2節の表6.1および表6.2で許容されるレベル以下であること、最大動作電圧・電力量に対する定格以下であること、インピーダンスの両端は、基礎絶縁であることなどが求められます。

6.4　単一故障状態の場合の追加の保護手段

接触可能部分が、単一故障状態においても危険な活電状態（感電を起こす状態）にならないように防止します。このために、保護接続（遮蔽）、補強絶縁、電源の自動開放、電流制限デバイスまたは電圧制限デバイス、強化絶縁、保護インピーダンスなどを組み合わせて防止します（図6.4）。

図6.4　感電防止のための保護手段の組み合わせ

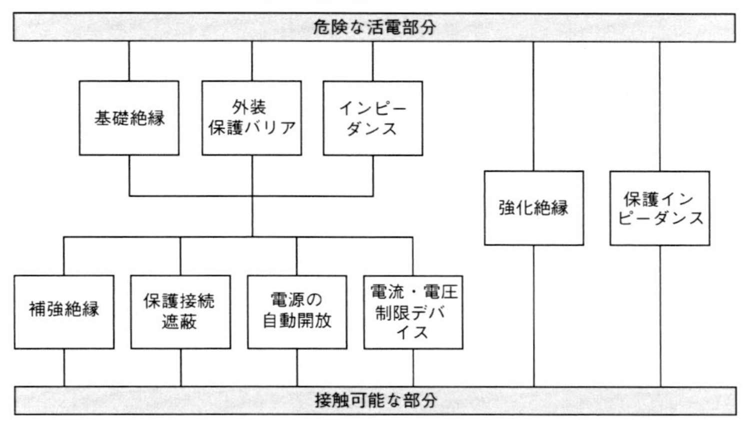

【1】保護接続

接触可能な導電性部分が、単一故障が生じた場合に危険な活電状態にならないように、保護導体端子の接続（危険な電圧をアース線を通じて逃がすこと）や保護遮蔽（人体が触れないように遮蔽）を行います。

アースなどの保護接続は、直接接続した導体で構成されます。この場合、

・熱ストレス、動的ストレスに耐えること、はんだ付けとは別に機械的に固定すること
・ねじによる接続の場合、緩まないこと
・機器の一部を取り外した場合において接続が途切れないこと（カバーを外したときに切断されないこと）
・丁番、スライドは保護接続とはみなさないこと
・ケーブルの外側の金属編組線は、保護接続とみなさないこと
・ほかの機器に対して、主電源からの電力供給が機器内を通過する場合、ほかの機器を保護する保護導体も機器内を通過すること

が要求されます。

保護導体（アース線）は、裸の導体のまま、または、被覆で絶縁して使用します。被覆の色は、緑と黄色の2色の組み合わせ、接地編組線は、緑と黄色の2色の組み合わせか、無色透明のいずれかのものを使用します。

保護導体の端子は、金属製で電気腐食が起こりにくいことが必要です。取り外しが可能な電源コードを使用する場合には、アース線を使って、しっかり保護する必要があります。また、主電源からの電力供給がない場合であっても、保護導体端子が必要な場合には、端子を設ける必要があります。

メンテナンス時にラインを切断する場合でも、先にアース線が外れないように保護する必要があります。これは、作業者が感電しないようにするためです。

保護導体端子は、アース板に対して、図6.5のように呼び径が4mm以上のねじで、ねじが3山以上かみ合うように取り付けます。

なお、締付けねじアセンブリの締付けトルクの仕様は、表6.4のとおりです。

図6.5 保護導体端子を取り付けるねじの例

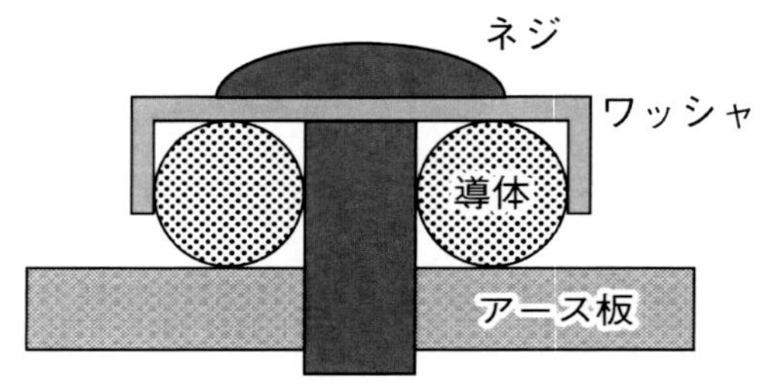

表6.4 締付けねじアセンブリの締付けトルク

ねじの呼び径[mm]	4.0	5.0	6.0	8.0	10.0
締付けトルク[N・m]	1.2	2.0	3.0	6.0	10.0

保護導体のインピーダンスの許容値は表6.5のとおりです。第8章でも触れますが、保護導通試験に合格する必要があります。

表6.5 保護導体のインピーダンスの許容値

電源コードの着脱	測定場所	インピーダンス
着脱できる機器	保護導体端子と接触可能な部分との間	0.1 Ωを超えない
着脱できない	主電源コードの保護導体プラグピンと、保護接続するように規定してある各々の接触可能な部分との間	0.2 Ωを超えない

保護導通試験では、1分間試験電流を流してインピーダンスが許容値を超えないことを確認します。試験電流は、定格主電源周波数で交流実効値25Aまたは直流25Aです。機器が25Aを超える場合、定格電流の2倍に等しいものを用います。

なお、永続接続形機器の保護接続は、低インピーダンスが要求されます。この場合、保護導通試験において過電流保護手段の2倍の試験電流を1分間流します。

【2】補強絶縁および強化絶縁

感電保護のための補強絶縁または強化絶縁は、空間距離、沿面距離および固体絶縁が絶縁に対する要求事項（距離および耐電圧など）を満たす必要があります。

【3】保護インピーダンス

保護インピーダンスは、接触可能部分が電気的に許容できるレベルまで制限する必要があります。保護インピーダンスの両端の絶縁は、二重絶縁、強化絶縁です。

保護インピーダンスは、単一部品の場合と組み合わせて構成する場合があります。単一部品の場合、定格上、安全性、信頼性が保証される必要があります。

【4】電源の自動開放に対する要求事項

自動開放デバイス（ヒューズなど）は、接触可能な電圧の最大持続時間内に負荷を開放する定格、機器が最大定格負荷条件のときの定格などを規定した個別規格に適合した認証品の使用が要求されます。

【5】電流制限デバイスまたは電圧制限デバイス

電流制限デバイスや電圧制限デバイスは、接触しても安全な電圧、電流以下でなければなりません。さらに電流制限デバイス・電圧制限デバイスの両端の空間距離または沿面距離は、補強絶縁を満たす必要があります。

6.5　外部回路への接続

機器が正常状態および単一故障状態においても、外部回路を接続（機器に他の機器や付属品を付けた場合など）した状態においても、機器の接触可能な部分や外部回路の接触可能な部分が危険な活電状態にならないことが要求されます。回路を短絡したときにハザードが発生する場合は回路の分離が必要です。その場合、説明書、機器の表示で警告する必要があります。

【1】外部回路用端子の要求事項

内部のコンデンサによる電荷を受ける端子の接触可能な導電性部分は、電源遮断10秒後に危険な活電状態でないことが求められます。

【2】危険な活電状態の端子がある回路

危険な活電状態の端子は、接触可能な導電性部分に接続しないように保護します。一つの端子を接地または浮かせるように設計した回路は、除外されます。ただし、この除外した回路の場合は、危険な活電状態にはならないことが必要です。

【3】より線による導体用の端子の要求

より線導体は、活電部分と誤って接触しないように配置します。

6.6 絶縁への要求

感電から保護するには、感電に関するハザードから人体を離すといった処置が必要です。感電の恐れのある回路から保護するには、空間距離、沿面距離を大きく取ること、また固体絶縁といった方法があります。空間距離および沿面距離の例を図6.6に示します。

感電のハザードから保護するために絶縁する場合、絶縁は主電源または機器内の電圧による電気的ストレスに耐える必要があります。主電源が発生源である電気的ストレスには、その絶縁にかかる動作電圧、ラインの導体に時々現れることがある過渡過電圧、短時間の一時的過電圧、長時間の一時的過電圧などがあります。

図6.6　空間距離および沿面距離の例

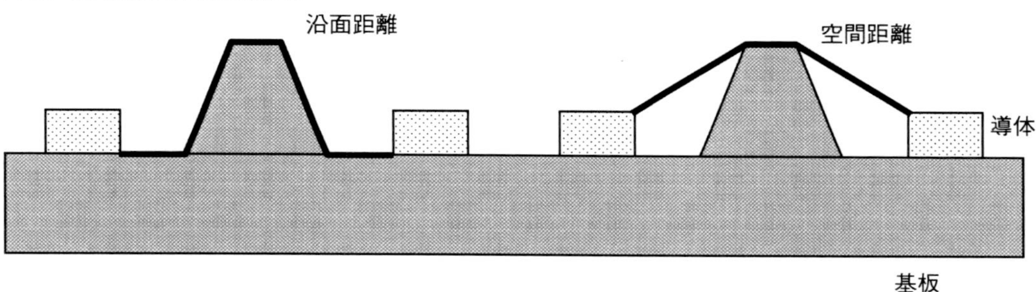

【1】空間距離

高度が高くなると、空気が薄くなり、放電の恐れが高くなります。そこで2000mを超える高度で動かす機器については、必要な空間距離は表6.6に示す乗算係数を乗じます。

表6.6　5000mまでの高度で動作する定格の機器の空間距離に対する係数

動作時における定格高度[m]	乗算係数
2000まで	1.00
2001～3000	1.14
3001～4000	1.29
4001～5000	1.48

【2】沿面距離

回路で必要な沿面距離は、絶縁材料の比較トラッキング指数（CTI[1]）だけでなく、絶縁の一般要求事項により決まります。材料は、CTIの値により、表6.7のようにグループ分けされます。

表6.7　各材料のCTI

グループ	CTI値
材料グループⅠ	600≦CTI
材料グループⅡ	400≦CTI＜600
材料グループⅢa	175≦CTI＜400
材料グループⅢb	100≦CTI＜175

CTI値がわからない材料は、材料グループⅢbとみなします。トラッキングを起こさないガラス、セラミックスまたはその他の無機絶縁材料に対しては沿面距離への要求はありません。

【3】固体絶縁

固体絶縁の厚みが増えると、絶縁の強度は大きくなります。また、固体絶縁の厚さは、空気よりも短くできます。

固体絶縁材料は、空隙またはボイドの影響で、電界が強い部分がボイド内にできてボイド内を潜在的にイオン化し、部分放電を生じます。この部分放電は、近くの固体絶縁に影響を与え、絶縁の寿命を短くします。固体絶縁は、再生可能な媒体ではないので、その機器の寿命に至るまでダメージが蓄積します。そのため、経年変化で劣化しますし、電圧試験の繰り返しでも劣化します。

【4】公称電源電圧300Vまでの過電圧カテゴリⅡの主電源回路に対する絶縁

主電源回路の空間距離および沿面距離は、表6.8の距離を満たす必要があります。これは、基礎絶縁および補強絶縁に該当します。なお、強化絶縁は、これらの基礎絶縁の値に2を乗じた値になります。基礎絶縁、補強絶縁および強化絶縁に対する最小空間距離は、0.8mm（汚染度3）です。2000mを超える高度で動作する定格の機器は、空間距離について表6.6の該当する係数を乗じます。なお、過電圧カテゴリⅡとは、家庭、または商業地域において、一般コンセントから供給される電源路のことです。

主電源回路の固体絶縁は、全ての定格環境条件で起こりうる電気的および機械的ストレスに耐えなければなりません。電気的ストレスとして過電圧があり、表6.9の試験電圧の耐電圧試験で検証します。

プリント配線板の成型部分および含浸部分については、基礎絶縁、補強絶縁、強化絶縁のため

1.CTI：Comparative Tracking Index。沿面に沿って生じる放電の起こりにくさを指数で表したもの。

表6.8　過電圧カテゴリⅡの300Vまでの主電源回路に対する空間距離および沿面距離

ライン中性点間電圧U 交流実効値または直流	空間距離 [mm]	沿面距離[mm]	
		プリント配線板	
		汚染度1	汚染度2
		全ての材料グループ [mm]	材料グループ Ⅰ、Ⅱ、Ⅲa [mm]
U≦150	0.5	0.5	0.5
150＜U≦300	1.5	1.5	1.5

表6.9　過電圧カテゴリⅡの300Vまでの主電源回路における固体絶縁の試験電圧

ライン対中性点間電圧(U) 交流実効値または直流	試験電圧			
	1分間交流電圧試験 Vrms		1分間直流電圧試験 Vdc	
V	基礎絶縁および補強絶縁	強化絶縁	基礎絶縁および補強絶縁	強化絶縁
U≦150	1350	2700	1900	3800
150＜U≦300	1500	3000	2100	4200

一体成型した同じ二つの層間にある導体は、成型後0.4mm以上分離させます（図6.7のL参照）。

図6.7　二つの層間の境界面上にある導体間の距離の要求

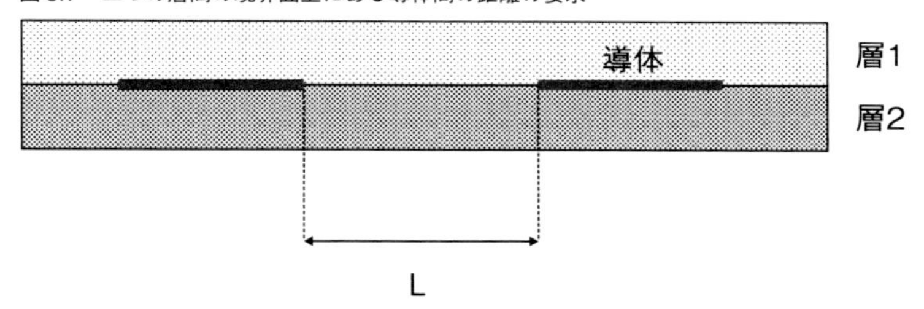

プリント配線板の絶縁の厚さは、0.4mm以上です。また、プリント配線板材料の試験では、二つ以上の分離層で構成された各分離層の絶縁耐力に対する材料製造業者による定格は、基礎絶縁や強化絶縁が要求されます。図6.8に二つの層の境界面に沿って隣接する導体間の距離を示します。距離Lは、表6.8を適用します。

基礎絶縁、補強絶縁および強化絶縁のために同じ二つの層間にある導体の距離は（図6.9のL参照）、表6.8の該当する空間距離および沿面距離以上で分離します。

薄膜絶縁の層を介する強化絶縁は、適切な絶縁耐力が必要です。以下のいずれかの方法を用いなければなりません。

・絶縁の厚さを0.4mm以上にすること
・絶縁を薄膜材料の二つ以上の分離層で構成すること
・各分離層の絶縁耐力に対する材料製造業者による定格が基礎絶縁の試験電圧以上であること

図6.8　二つの層の境界面に沿って隣接する導体間の距離

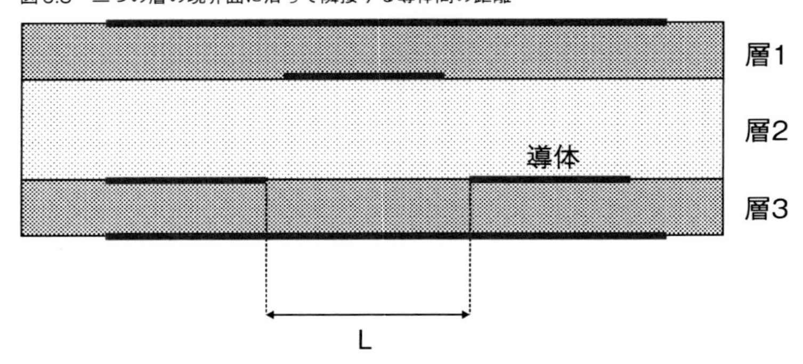

図6.9　同じ二つの層間で隣接する導体間の距離

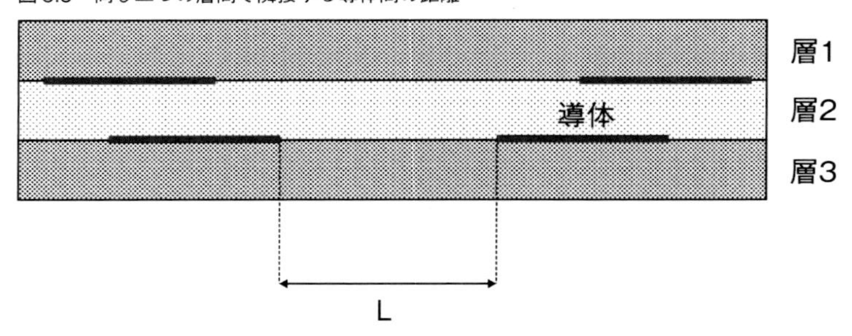

・絶縁を薄膜材料の三つ以上の分離層で構成すること

などです。いずれの二つの分離層も、適切な絶縁耐力が必要です。

遮蔽で分離した変圧器は、主電源回路から分離しているものとします。二次側回路の空間距離は、以下の規格書の表6.10の距離と試験電圧を満たさなければなりません。なお、強化絶縁の試験電圧は、基礎絶縁の値に1.6を乗じたもの、2000mを超える高度で動作する定格の機器の場合は、空間距離は高度補正を行うこと、基礎絶縁、補強絶縁および強化絶縁に対する最小空間距離は、0.2mm（汚染度2）、0.8mm（汚染度3）であることが必要です。

表6.10　変圧器の二次側の空間距離

二次側動作電圧		ライン対中性点主電源電圧 (150Vrms<U≦300Vrms)	
交流実効値V	直流または交流ピーク値V	空間距離mm	試験電圧 Vrms
16	22.6	0.50	840
33	46.7	0.52	850
50	70	0.53	860
100	140	0.61	900

二次側回路の基礎絶縁または補強絶縁に対する沿面距離は、絶縁にストレスを与える動作電圧に対して表6.11の距離を満たす必要があります。強化絶縁に対する値は、基礎絶縁に対する値に対して、2を乗じた値とします（基礎絶縁の2倍の厚さになることを想定します）。

表6.11　変圧器の二次側の沿面距離

二次側動作電圧 交流実効値または直流	プリント配線板材料	
	汚染度 1	汚染度 2
	全ての材料グループ [mm]	材料グループ Ⅰ、Ⅱ、Ⅲa [mm]
10～50	0.025	0.04

二次側回路の固体絶縁は、全ての定格の環境条件で、機器の寿命まで正常な使用で起こりうる電気的および機械的ストレスに耐えなければなりません。基礎絶縁または補強絶縁は、5秒間の交流電圧で試験します。

プリント配線板の同じ二つの層の間にある導体は、表6.12の該当する最小値以上で分離する必要があります（図6.7のL参照）。固体絶縁は、基礎絶縁、補強絶縁、強化絶縁のため、一体成型した同じ二つの層間にある導体は、成型後に表6.12の距離と厚さが必要です。

表6.12　固体絶縁の距離

交流もしくは直流動作電圧または 反復ピーク電圧のピーク値 [V]	最小値 [mm]
46.7 ＜ U ≦ 330	0.05
330 ＜ U ≦ 800	0.1
800 ＜ U ≦ 1,000	0.15

6.7 電圧試験

電圧試験は、まず試験機器を準備し（IEC61180-1およびIEC61180-2の規定によるもの）、次に湿度前処理を行い（該当する場合）、さらに外装の接触可能な絶縁部分の全てを金属箔で覆い（ただし端子と金属箔との間の距離は表6.13を参照）、実施します。

空間距離の試験を実施する際は、表6.14の試験電圧の高度補正が必要です。なお、試験中は給電する必要はありません。

表6.13　端子と金属箔との間の距離

試験電圧[kV]	距離[mm]
10	20
20	45

表6.14　空間距離に対する試験電圧の試験場所の高度に応じた補正係数

	補正係数			
試験電圧（ピーク値）	327V≦Utest ＜600V	600V≦Utest ＜3500V	3500V≦Utest ＜25kV	25kV≦Utest
試験電圧（実効値）	231V≦Utest ＜424V	424V≦Utest ＜2475V	2475V≦Utest ＜17.7kV	17.7kV≦Utest
試験場所の高度	---	---	---	---
0	1.08	1.16	1.22	1.24
500	1.06	1.12	1.16	1.17
1000	1.04	1.08	1.11	1.12
2000	1.00	1.00	1.00	1.00

【1】湿度前処理

試験条件で特に規定がない場合は、機器の電圧試験前に湿度前処理を行います。湿度前処理中は機器を通電しません。湿度前処理の手順を表6.15に示します。

表6.15　湿度前処理の手順

順番	手順
1	工具を用いずに取り外せる部分は取り外す
2	温度42℃±2℃に最低4時間放置
3	温度40℃±2℃、相対湿度90-96％に48時間放置
4	2時間の回復時間
5	1時間以内に電圧試験を完了

【2】電圧試験の条件

電圧試験には、交流電圧試験、1分間直流電圧試験があります。詳細については、本書の第8章の耐電圧試験で紹介します。

インパルス電圧試験は、インパルスの間隔は1秒以上、各極性5回実施します。インパルスの波形は、1.2/50 μsで定義されます。この際、フラッシュオーバ、固体絶縁の絶縁破壊が起こらないようにします。

6.8 感電に対する保護

感電に対しては、以下の要求事項があります。機械的ストレスを受ける配線は、はんだ付けのみでは十分ではありません。取り外し可能なカバー用のねじは、危険な活電部分との間の空間距離・沿面距離を決定する場合には、

①外れ落ちのない型式のねじとすること
②配線・ねじなどが偶発的な緩みまたは外れにより危険な活電状態にならないこと
③部品・配線の緩みにより外装と危険な活電部分との空間距離・沿面距離が、基礎絶縁の値未満にならないこと

が必要です。

【1】絶縁材料

容易に損傷するラッカ、エナメル、酸化物、陽極膜、吸湿性材料である紙、繊維、繊維材料などは絶縁材料として使用することはできません。

【2】カラーコード

配線の被覆の色について、緑と黄色の組み合わせは、保護接地導体、保護接続導体、安全目的の等電位導体、機能接地導体などに使用します。

6.9　主電源への接続および機器間の接続

図6.10に示す着脱できる主電源コードは、コードに流せる最大電流を定格とすること、IEC60799の要求事項を満たすコードを使用すること、コードが機器の外部の高温部分と接触する場合には、適切な耐熱性材料であること、保護導体の被覆の色は、緑と黄色の2色を組み合わせであることなどを満たす必要があります。

図6.10　着脱できる主電源コードおよび接続

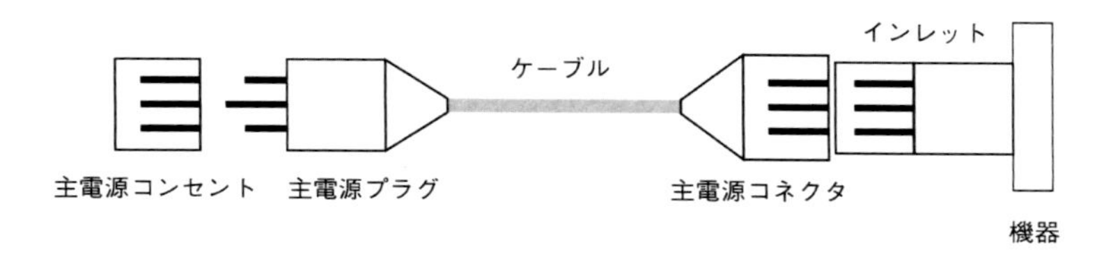

着脱できない主電源コードは、コードの入口で摩耗、鋭い曲げに対する保護が必要です。そのためには、滑らかにした引き入れ口あるいはブッシング、柔軟なコードガードなどが適しています。

コード止めは、機器内部でコードの導体に張力がかかるのを低減し、絶縁体を摩耗から保護します。保護接地導体は、確実に導通するように最後に張力がかかるような構造にします。

コード止めは、直接圧迫するねじによる固定をしないこと、コードに結び目を用いないこと、ハザードになりうる程度まで機器にコードを押し込むことができないこと、金属部分があるコード止めによるコード絶縁の破損により接触可能な導電性部分が危険な活電状態にならないこと、工具を用いずにコード止めを緩められないこと、コードの交換がハザードにならないように設計し、かつ、どのように張力の軽減を図っているかを明確にすることなどが必要です。

コード止めは、圧縮ブッシングは使用しません。ただし以下の場合は除きます。

・主電源コードと一緒に供給されていること
・主電源コードの使用に適していること
・製造業者から指定されていること

なお主電源コードは、表6.16の引張力で引張試験（1秒間を25回）を行った後、表6.16のトルクをかけて検証します。試験後、コードの損傷・ずれ・変形がないこと、空間距離・沿面距離が保たれていること、絶縁が保たれていることなどが必要です。

プラグおよびコネクタは、プラグが定格電源電圧以上のコンセントに差し込むことができな

表6.16　コード止めの物理的試験値

機器の質量[kg]	引張試験の引張力[N]	トルク試験のトルク[N・m]
M≦1	30	0.10
1＜M≦4	60	0.25
4＜M	100	0.35

いこと、主電源以外の接続に用いないこと、内部のコンデンサから電荷を受ける場合、電源遮断5秒後に危険な活電状態ではないことなどが必要です。

6.10　電源からの開放（シャットダウン）に関する要求事項

機器の内部または外部の電源に対して、機器を開放（シャットダウン）する手段を講じなければなりません。開放手段は、保護接地導体を除く電流が流れる導体（単相電源であれば2本ライン）を全て開放しなければなりません。そのため、開放するためのスイッチは、両切りのスイッチとなります。

ただし、以下の機器については、例外として取り扱います。

・小さな電池・信号（低エネルギー源）で給電される機器
・インピーダンス（交流信号を想定した抵抗器もしくはライン）により保護した電源への接続だけを意図する機器
・インピーダンスにより保護された負荷を構成する機器など

【1】機器の形式による要求事項

永続接続形機器および多相の電源の機器は、開放するために、開放デバイスであるスイッチまたは回路遮断器を設ける必要があります。ただし、これら開放デバイスが機器の一部ではない場合には、機器の設置のための文書に以下の記述を行う必要があります。

・開放デバイスは、機器設置のときに取り付けること
・開放デバイスは、適切に配置し、かつ容易に届く位置に設置すること
・機器の開放デバイスである旨の表示をすること

単相コード接続機器は、開放デバイスとしてスイッチまたは回路遮断器、工具を用いずに開放可能な機器用カプラ、建造物のコンセントに嵌合する、ロック機構なしの取り外しできるプラグなどを使用します。

【2】開放デバイス

開放デバイスには、スイッチ、回路遮断器などがあります。開放デバイスは、主電源に近い位置に配置します。また主電源と開放デバイスとの間に、電力を消費する部品（抵抗器など）を配置することはできません。ただし、EMIフィルタのようにEMC（電磁両立性）に対する電磁干渉抑制回路を配置することは許されます。

開放デバイスとしての役割をもつスイッチまたは回路遮断器は、IEC60947-1およびIEC60947-3の要求事項を満たす必要があります。開放デバイスとして使用する場合には、その機能を表示します。これは、開放デバイスが一つの場合には、表6.17の番号9の記号、および番号10の記号を用いることで満たされます。スイッチは、主電源コード、保護接地を遮断するように組み込んではいけません。

表6.17　開放デバイスが一つの場合に用いる記号（表5.1より抜粋）

番号	記号	内容
9			電源オン
10	○	電源オフ

開放デバイスとしての機器用カプラ、取り外しできるプラグは、操作者が識別可能であり、また、容易に届く必要があります。単相携帯形機器の場合には、コードが3m以下である場合が該当します。機器用カプラの保護接地導体は、接続の際、電源導体よりも先に接触すること、開放の際、後に開放されることなどが求められます。

7

第7章　電気的以外の安全要求

製品は、正常な状態（故障していない状態）で機械的なハザード（危険）にならないように保護する要求があります。また単一故障状態では、容易に気づくことができないハザードが生じないように保護する必要があります。本章では、IEC61010-1で規定されているハザードのうち感電以外のハザードについて、例を挙げて紹介します。またそれらの試験・対策についても記載します。

表7.1のようにIEC61010-1規格書では第6章で紹介した電気的な安全要求以外に、機械的なハザードに対する保護【7章】、機械的応力耐性【8章】、火炎の広がりに対する保護【9章】、機器温度限度値および耐熱性【10章】、液体によるハザードに対する保護【11章】、レーザ源を含む放射線ならびに音圧および超音圧に対する保護【12章】、遊離ガスおよび物質、爆発および爆縮に対する保護【13章】、コンポーネントおよび部分組立品【14章】、インタロックによる保護【15章】、用途に起因するハザード【16章】などのハザードに対する要求事項が規定されています。

これらのハザードが、自社で製造している機器に存在するかどうかを検討することが重要です。

表7.1　電気的以外のハザードに対する要求事項とIEC61010-1規格書との関係

要求事項	規格の章
機械的なハザードに対する保護	7章
機械的応力耐性（機械的ストレスに対する耐性）	8章
火炎の広がりに対する保護	9章
機器温度限度値および耐熱性	10章
液体によるハザードに対する保護	11章
レーザ源を含む放射線ならびに音圧および超音圧に対する保護	12章
遊離ガスおよび物質、爆発および爆縮に対する保護	13章
コンポーネントおよび部分組立品	14章
インタロックによる保護	15章
用途に起因するハザード	16章

7.1 機械的なハザードに対する保護要求

機械的なハザードに対する保護として、以下の項目の要求を満たす必要があります。

・不必要な鋭いエッジがないこと
・人体を押しつぶすことがないこと
・皮膚に突き刺さる可動部（動く部分）がないこと
・使用時または移動時に、人の上に落下するような不安定性がないこと
・運搬装置、壁据付のブラケット（金具など）、またはその他の支持部分が破損して機器が落下することがないこと
・機器から飛散物が生じないこと

などです。

以下で、それぞれの詳細について紹介します。

【1】鋭いエッジによるハザードがないこと

機器に触れて怪我をしないように機器のエッジの部分を、滑らか、かつ、丸くする必要があります。

【2】可動部によるハザード

ボール盤やミキサなどでは、可動部に触れた場合、巻き込まれて怪我をする可能性があります。このような怪我をしないように、ハザードが許容可能であることが必要です。ハザードになりうる事象とその内容、またその措置について表7.2に示します。なお、許容可能かどうかの判断は、リスクアセスメント（ここでは、表7.3のリスクグラフを用いている）を行い評価します。

表7.2　可動部によるハザード

ハザードになりうる事象	内容	措置
ボール盤および ミキサの使用	明らかに機器の外部の部品または材料に作用することを意図し、容易に触れることができる可動部がある機器	ガードによる保護
定期保全時	操作者がハザードになりうる可動部に接近することを要する、ある機能を実行することが技術的な理由で避けられない	※予防措置 （本文参照）

これら可動部におけるハザードへの予防措置には、以下のようなものがあります。可動部への接近は、工具を用いなければできないようにすること、機器の利用者向けの説明書に、操作

のための訓練を受けるよう記載すること、カバーまたは部品上に警告の表示を行うことなどを実施します。なお、訓練を受けていない操作者の接近は、その旨の警告表示により禁止します。

身体に対するハザードのリスク評価は、怪我の重大度、危険の露出の可能性およびハザードを回避できる可能性といった点を考慮して実施します。表7.3のリスクグラフを用いて評価し、該当するハザードに対して許容できるまで保護方策を施します。

表7.3　身体部分への機械的ハザードに対する保護方策

機械的ハザードの状態			最小限の保護方策
重大度	露出について	回避について	
S	E2	P2	C
		P1	C
	E1	P2	C
		P1	B
M	E2	P2	B
		P1	A
	E1	P2	A
		P1	何もしない

重大度･･･M：中程度（ひっかき）、S：重度（骨折、切断）
露　出･･･E2：意図する、E1：意図しない
回　避･･･P2：回避できない、P1：回避可能
保護方策･･･C：厳格、B：中程度、A：小程度

また、これらの可動部への保護方策は、表7.4の内容を適用します。ただし、安全性を考えた場合、許容できるレベルまでリスクを低減する必要があります。そのため、まず厳格なレベルでの保護方策を検討します。これはハザードから人体を隔離することに相当します。ハザードへの方策がない場合（ほかに手の打ちようがない場合）は、警告の表示を検討します。

表7.4　保護方策の種類

レベル	内容
低	警告表示、可聴もしくは可視信号または取扱説明書
中	緊急スイッチ、工具でだけ取り外せる保護用バリアもしくはカバー、間隔（ISO13852参照）または分離（ISO13854参照）
厳格	工具を用いないと取り外せないインタロック、保護用バリアまたはカバー

機器から過度な力および圧力が身体に加わった場合、怪我をする恐れがあります。そこで、表7.5の危険ではない物理的な要求レベルまで、力および圧力を低減します。

身体が機器に挟まれて怪我をしないように、機器に生じる間隙の寸法が決められています。通常許容される最小間隙を表7.6に、身体が挟まれないような最大の間隙を表7.7に示します。

表 7.5　力および圧力に関する要求事項

レベル	条件	要求事項
許容できる継続的な接触圧力	50N/cm^{2}以下	力が150N以下
許容できる一時的な力	0.75秒以下で250N以下	3 cm^{2}以上の身体接触領域

表 7.6　押しつぶし回避のための最小間隙

想定される身体部分	押しつぶしを回避するための最小間隙［mm］
胴	500
頭	300
脚	180
足	120
足指	50
腕	120
手・手首・握りこぶし	100
指	25

表 7.7　接近防止のための最大間隙

身体部分	接近防止のための最大間隙［mm］
頭	120
足	35
指	4

【3】安定性

建物に固定しない機器は、転倒しないようにしなければなりません。安定させるための手段を講じなければならない場合には、警告表示が必須となります。なお、機器のキャスタや支持用脚は、機器の質量の4倍以上の負荷に耐えなければなりません。検証するための試験には、以下のような方法を用います。

正常な位置から10度各方向に傾けること、高さ1m以上かつ質量25kg以上の機器は最上部に力を加えること、床接地機器は、全ての水平作業面などかつ棚を備えた表面扉、引き出しを最大に不利な位置にして下向きに力を加えること、キャスタ、支持用脚は最大負荷の4倍の負荷を加えること、キャスタ、支持用脚を機器から取り外し、機器を平らな表面に配置することなどです。

【4】運搬装置、壁据付のブラケット（金具など）、またはその他の支持部分が破損して引き起こされる機器の落下がないこと

持ち上げ運搬可能な製品に対する要求事項としては、機器および部品が質量18kg以上のとき、運搬の手段を備えていること、または文書に記載されていることが必要です。例えば、機器にキャスタが備えられているなどです。

取っ手およびグリップは、製品の質量の4倍の力に耐えなければなりません。複数のねじで取り付けている場合は、一つ取り外して検証します。

持ち上げデバイスおよび支持部分は、機器の最大荷重の最大4倍の荷重に耐えることが求められます。

壁、天井への取り付けを行う機器のブラケットは、機器の質量の4倍の力に耐える必要があります。機器が5kgの場合、20kgまで1分間、荷重に耐えなければなりません。壁が指定されていない場合は、石膏ボードで検証します。また、留め具は、機器の質量の2倍の試験を行います。

【5】飛散物の影響を抑えること

故障の際、飛散物の影響を抑えることが必要です。保護方策として、カバーを設置します。また、このカバーの取り外しは、工具を用いなければできないようにします。

7.2　機械的ストレスに対する耐性

【1】機械的ストレスに対する要求事項

機器は、正常な使用中に生じる機械的ストレス（機械に物体がぶつかるなど）を受けたとき、ハザードになってはいけません。機械的なストレスに対して、以下の保護レベルであることが要求されます。

基本は、エネルギー保護レベルが5J（500gの鋼球を1mの高さから落下させたときのレベル）であることが求められます。衝撃エネルギーのレベルを表7.8に示します。

表7.8　衝撃エネルギーレベル、対応IKコードおよび垂直落下距離

衝撃エネルギーレベル [J]	IKコード	鋼球の垂直落下距離 [mm]
1	IK06	200
2	IK07	400
5	IK08	1000

エネルギー保護レベルが1J以上5J未満の場合、以下の制約があります。リスクアセスメントを実施すること、認可されていない人が容易に機器に触れることができないようにすること、正常使用、調整、プログラム、保守のときのみ機器に接触できるようにすること、IKコード（IEC62262）または下の注意表示の記号が機器に表示されていることなどです。

これらを検証する方法は、衝撃試験、振り子試験、ハンマー試験などです。

【2】外装剛性試験

製品の外装の強度が有効であることを検証する方法として、外装剛性試験があります。この試験には、外装にロッドを押し付ける静的試験、鋼球をぶつける衝撃試験、製品を落下させる落下試験などがあります。これらの試験を実施して、ハザードが生じないことが求められます。ハザードの例として、外装剛性試験を行った結果、絶縁距離が短くなり感電の恐れが大きくなった、外装が破損し機械的なハザードが生じた、などがあります。

①静的試験

製品を剛性のある台に堅固に固定します。製品の外装に、直径12mmの堅固なロッドの半球

状の先端で30Nの力を加えます。

②衝撃試験

製品を、剛性のある支持物にしっかりと固定します。外装の各試験点に直径約50mm、質量500g ± 25gの滑らかな鋼球を使って1回衝撃を加えます。衝撃試験の概要を図7.1に示します（第8章11節参照）。

図7.1　鋼球を用いる衝撃試験（左：水平面への衝撃、右：垂直面への衝撃）

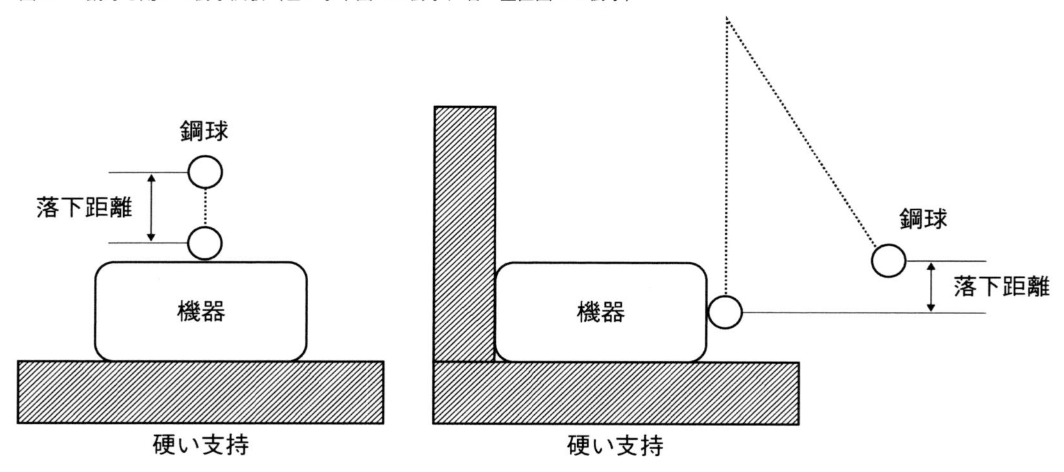

【3】落下試験

製品を自由落下させる試験です。落下距離は、底面の各辺を軸とし、持ち上げた反対の面と床面との距離が、20kg以下の製品では100mm、20kgを超え100kg以下の機器は25mmです。または、製品の底面と試験表面との角度が30度になるまでのいずれか厳しくない方の条件で、製品を傾けます。

また、手持形機器およびダイレクトプラグイン機器については、コンクリートのような剛性のあるベースの上に平らに置いた堅木（密度700kg/m^{3}を超え、厚さ50mm）の上に、横（厳しい条件において）に平行に配置し1mの距離から1回落下させます。

7.3　火の燃え広がりに対する保護

この保護要求は、機器からの火災により、人、家畜、財産に対するハザードとならないように、機器内部で発生した火炎が燃え広がらないようにするものです。

通常状態はもちろんのこと、単一故障状態でも、製品の外部に火が燃え広がらないようにします。また、主電源が給電されている機器は、電流の流れにより火災を引き起こすことが考えられます。そのため過電流保護の要求も（過電流保護装置を付けるなど）満たさなければなりません。そこで、以下の要求を満たす必要があります。

火の燃え広がりについては、製品の外部に起こりうる単一故障状態での試験を実施します。例えば、温度上昇試験において、空冷のためのファンを止めて行う試験や、薄葉紙ならびにチーズクロスで製品を覆う試験を行います。

製品内の着火源を排除または軽減できる、あるいは火が発生した場合でもそれを機器内に封じ込める構造になっていることが求められます。これは設計段階で検証します。

【1】機器内で着火させないまたは軽減するための方策

機器内で着火させないまたは軽減する要求では、以下の対策を行い、ハザードを許容可能なレベルまで軽減します。

電気的には、①エネルギー被制限回路（ハザードとならないようにエネルギーを制限した回路）により電圧・電流・電力が制限されている回路にすること、②基礎絶縁の要求を満たす回路にすることです。また、絶縁の橋絡による着火が起こらないことが求められます。これらは、電気的な発火を抑えることになります。

可燃性液体を使用する場合には、着火のハザードに対して、液体の収納に関する要求事項を満たしていることが必要です。この場合、可燃性液体が着火源から隔離されていることが求められます。

単一故障が生じた場合でも、いかなる着火も引き起こさないことが求められます。電流制限デバイス、ヒューズなどの単一故障状態において、着火しないことが必要です。方策としては、難燃性の材料を用います。

【2】火が発生した場合に機器内に火を封じ込めること

火が発生した場合に機器内に火を封じ込めるため、許容できるレベルまでハザードを低減しなければなりません。

機器への通電はスイッチで行うこと、機器の外装が構造的要求事項を満たすこと、かつ可燃性液体の収納の要求事項を満たすことなどの低減方法があります。

コネクタ、部品を実装する絶縁材料（電子回路基板材料）は、難燃性分類V-2以上（IEC60695-11-10参照）のものを使用しなければなりません。材料が、難燃性分類の要求事項を満たしていることを確認します。確認ができない場合は、IEC60695-11-10の垂直燃焼試験を実施します。

また、絶縁電線（絶縁性を保護した電線）およびケーブルによる火の燃え広がりがないように、材料データについては難燃性分類の要求事項を満たす記述を確認します。記述がない場合には、表7.9に示す試験が必要です。

外装の要求事項を表7.10に、外装底面の許容できる打ち抜き孔については表7.11に示します。またバッフルの例を図7.2に、外装の底面および側面の範囲については図7.3に示します。

表7.9　絶縁電線およびケーブルに対する試験規格

	絶縁電線およびケーブルの性状	試験規格
1	導体の公称断面積が0.5mm²を超える絶縁電線およびケーブル	JIS C 3665-1-2
2	導体の公称断面積が0.5mm²以下の絶縁電線およびケーブル	IEC60332-2-2

表7.10　外装の要求事項

項目	内容
外装	エネルギー被制限回路ではない回路において、図7.3の角度5°以内の外装の底面および側面
開口部の要求	いかなる開口部もないこと 表7.11によって孔をあけた金属製の筐体 中心から中心までが2mm × 2mmを超えず、線の直径が0.45mm以上の網付きの金属製遮蔽 バッフルが付いている開口部
難燃性	外装およびあらゆるバッフルまたは燃焼バリアは、金属製（マグネシウムを除く）またはJIS C60695-11-10の燃焼性分類V-1以上の難燃性がある非金属製であること
剛性	外装およびあらゆるバッフルまたは燃焼バリアは、十分な剛性があること

表7.11　外装底面の許容できる打ち抜き孔

最小厚さ [mm]	孔の最大直径 [mm]	孔の中心間の最小間隔 [mm]
0.66	1.14	1.70
0.66	1.19	2.36
0.76	1.15	1.70
0.76	1.19	2.36
0.81	1.91	3.18
0.89	1.90	3.18
0.91	1.60	2.77
0.91	1.98	3.18
1.00	1.60	2.77
1.00	2.00	3.00

図7.2　バッフル

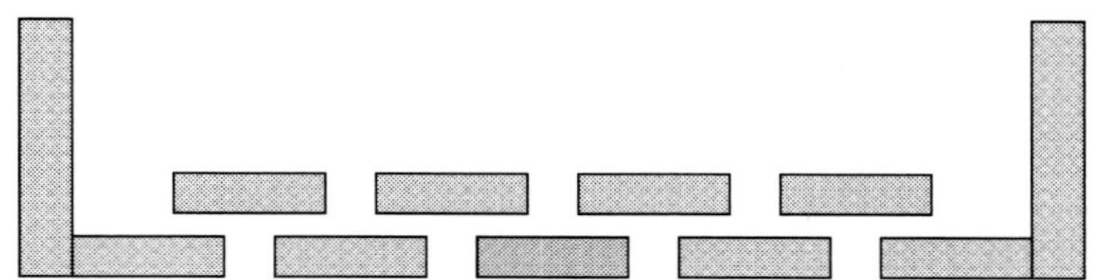

図7.3　外装の底面および側面の範囲

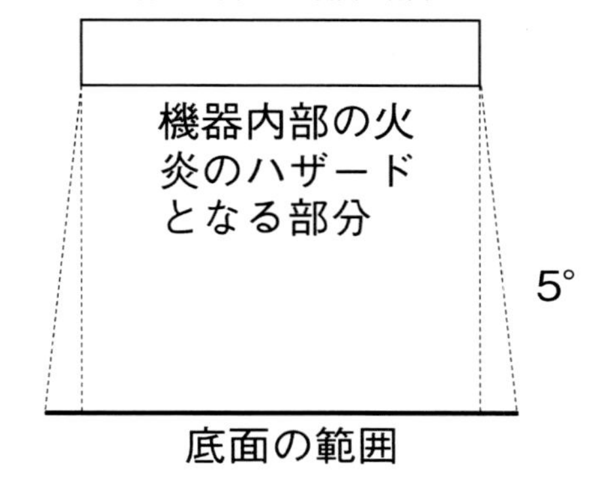

【3】エネルギー被制限回路の要求事項

製品内部にある電気的エネルギーが大きいと、火災の発生のハザードがあります。そこで、このエネルギーを制限する回路にすることが必要です。エネルギーを制限する回路は、以下の二つです。

一つ目は、回路に現れる電圧が金属筐体などでも問題とならない電圧以下の回路のことです。具体的には、交流において、実効値が30V以下であること、ピーク値が42.4V以下であること、直流においては60V以下であることです。

二つ目は、回路に流れる電流が、以下の方法により制限される回路です。表7.12に該当する最大利用可能電流の値を超えないように、本質的に制限している（電流制限回路を付与し、電流を制限している）か、インピーダンスによって制限している回路であること、および表7.13に該当する過電流保護デバイスの120秒以内に作動する電流の値を超えないように電源を制限する回路（ヒューズや非自己復帰形電気的デバイスなど）です。

正常状態、または制限回路網に一つ以上の故障が生じた場合であっても、表7.12に該当する最大利用可能電流の限度値を超えないように、制限回路網により制限されていることです。

以上の電流値を超えるエネルギー値をもつ回路に対して、基礎絶縁によって分離されていることが必要です。

これらの要求事項を満たしているかは、製品の回路に現れる電圧や最大利用可能な電流の測定で確認します。電圧を最大にする負荷の条件で、電圧を測定することや、出力電流が最大となる条件（例えば、抵抗性負荷の接続、短絡などで作動し、60秒後）で、電流を測定します。

表7.12　最大利用可能な電流の限度値

開回路出力電圧（U または $\hat{U}$）[V]			最大利用可能な電流の限度値[A]
交流実効値	直流	ピーク値	交流実効値または直流
$U≦2$	$U≦2$	$\hat{U}≦2.8$	50
$2<U≦12.5$	$2<U≦12.5$	$2.8<\hat{U}≦17.6$	$100/U$
$12.5<U≦18.7$	$12.5<U≦18.7$	$17.6<\hat{U}≦26.4$	8
$18.7<U≦30$	$18.7<U≦60$	$26.4<\hat{U}≦42.4$	$150/U$

表7.13　過電流保護デバイスの値

回路に現れる電位（U または $\hat{U}$）[V]			保護デバイスが120秒以内に作動する電流の限度値
交流実効値	直流	ピーク値	交流実効値または直流
$U≦2$	$U≦2$	$\hat{U}≦2.8$	62.5
$2<U≦12.5$	$2<U≦12.5$	$2.8<\hat{U}≦17.6$	$125/U$
$12.5<U≦18.7$	$12.5<U≦18.7$	$17.6<\hat{U}≦26.4$	10
$18.7<U≦30$	$18.7<U≦60$	$26.4<\hat{U}≦42.4$	$200/U$

【4】可燃性液体を使用する機器

可燃性液体を使用する機器は火災に起因するハザードが考えられます。正常状態および単一故障状態で火の燃え広がりがないように設計します。これらについては、リスクを低減するため、取扱説明書へ記載することが必要です。

液体の燃焼点（外部から火炎を用いて点火し、火炎を取り去ってしまったときに液体表面に発生する蒸気と空気の混合物が5秒以上火炎を持続する際の温度）をＴとした場合に、液体の表面がＴ－25℃に制限されていることが必要で、温度測定により検証します。

火炎の燃え広がりを起こさないように、液体自体の量を制限します。

また液体が燃えても、火炎が広がらないように封じ込めます。これは、薄葉紙への引火がないことで検証します。

【5】過電流保護に関する要求事項

主電源から給電される機器は、機器の故障により、異常な電流が流れることを防止するために、過電流防止の保護を必要とします。

過電流保護デバイスには、ヒューズ、回路遮断器、温度過昇防止装置、インピーダンス制限回路などがあります。これらは、通電し機器が故障しても、主電源（入力AC230Vなど）から、機器に流れる過度の電流を抑えるものです。この過電流保護デバイスの目的は、機器内の過電流を防止することです。なお、主電源導体と保護接地導体（製品内のアース）の間の短絡は想定しません。

ヒューズの取り付けについては、全ての電源導体に取り付けることが望ましいとされています。つまり複数の電源端子（2端子など）に対して、複数のヒューズを同一定格、同一特性で近接するように取り付けることが望ましいです。極性の片方だけに取り付けた場合には、取り付けていない極性から過電流が流れる恐れがあります。なお、主電源の極性（AC電源の端子）の端子間は、基礎絶縁が必要です。

高周波ノイズを発生する機器に対しては主電源と過電流保護デバイスの間に、ラインフィルタなどのノイズ干渉抑圧部品を取り付けることが不可欠です。

永続接続形機器の場合には、過電流保護デバイスの取り付けは自由です。取り付けない場合は、建築物設備に必要な過電流保護デバイスを取り付ける必要があり、その場合には、据付説明書にデバイスの特性を指定する必要があります。

永続接続形機器以外の機器の場合には、過電流保護デバイスを機器内に取り付ける必要があります。

7.4　機器の温度限度値と耐熱性

火傷、または燃焼の防止のために、温度限度値および耐熱性の要求を守ることが必要です。

【1】機器表面の温度限度値

直接容易に身体が触れることができる機器の表面温度は、周囲温度40℃を基準として、正常状態において下の数式と表7.14に示す温度限度値以下であることが求められます。

限度値≧ΔT＋40　（ΔT：温度上昇分）

また、単一故障状態（ヒューズの短絡、通気口の閉鎖など）において、105℃を超えないようにします。許容値以下の場合には、警告記号による表示は必要ありません。

表7.14　温度限度値

測定場所	正常状態 限度値[℃]	単一故障状態 限度値[℃]
外装の表面		
・コートされていない、または酸化皮膜処理した金属	65	105
・塗装、非金属によりコートされた金属	80	105
・プラスチック	85	105
・ガラスおよびセラミック	80	105
・使用中触れられない領域（＜$2cm^2$）	100	105
つまみ・取っ手		
・金属	55	105
・プラスチック	70	105
・ガラスおよびセラミック	65	105
・短時間（1～4秒）つかむ非金属	70	105

また、周囲温度の定格が40℃を超える場合は、表7.14に示す値、単一故障状態でも105℃を超えることを許容します。

（意図的に）加熱する表面で、容易に触れることができる、材料の処理・加熱が必要、加熱が避けられない場合に警告表示があれば、表7.14に示す値、単一故障において105℃を超えることを許容します。

なお、工具なしで取り外しができないように保護した表面は、容易に触れられない表面とみなします。EN563には、接触時間の影響についての記載があります。

【2】巻線の温度

トランスなどの巻線は、電流を流すことで発熱します。この巻線の絶縁材料は、許容される温度が決められています。過度の温度により巻線からのハザードになる場合、正常状態・単一故障状態において、表7.15に示す値を超えることは許されません。

表7.15　巻線の許容値

巻線の耐熱クラス	正常状態 温度の許容値[℃]	単一故障状態 温度の許容値[℃]
A	105	150
B	130	175
E	120	165
F	155	190
H	180	210

【3】その他の温度測定

その他、以下の温度測定を行います。

・周囲温度：現場配線端子箱・収納部の温度
　周囲温度40℃を超える、または最大定格周囲温度40℃を超え、現場配線端子箱・収納部の温度が60℃を超える可能性がある場合
・単一故障状態において、可燃性液体表面および接触部分
・非金属性外装
・主電源に関する絶縁材料
・0.5Aを超える電流が流れる端子

【4】温度試験

機器および巻線に対する温度測定は、以下のように行います。

換気、冷却液、間欠使用の制限など（製造業者の指定）については、全ての冷却液は、最大定格温度にします。標準試験状態で温度上昇値を測定し、この温度上昇値に40℃または最大定格周囲温度が40℃よりも高い場合には、その温度を加算し、最大温度を決定します（最大温度=40℃＋温度上昇）。絶縁材料に接触する巻線の温度およびコアの薄板の温度の2か所を測定します。

温度は、抵抗法・温度センサ（熱電対など）を用いて測定します。温度センサを用いた方法は、巻線が均一でない場合・抵抗法で測定が困難な場合に用います。定常状態（温度の時間経過を確認し、安定した時点）に達したときの温度を測定します。

加熱試験は、試験コーナで行います。試験コーナは、直角の二つの壁、床、および必要な場合には、天井で構成されます。壁の厚さは全て約20mmのつや消しの黒に塗装した合板を使用します。試験コーナの直線寸法は、被試験機器の直線寸法より15%以上大きいことが望ましいです。壁、天井または床から、製造業者の指定した距離に、機器を配置します。

その距離が指定されていない場合には、以下のとおりとします。

・床またはテーブル上で用いる機器：できる限り壁の近くに配置
・壁に固定する機器：一つの壁に取り付け、ほかの壁および床または天井に対して正常な使用中に生じうる最も近い位置
・天井に固定する機器：天井に固定し、壁に対して正常時に生じうる最も近い位置

キャビネットまたは壁設置用機器におけるつや消しの黒に塗装した合板の厚さは、以下のとおりです。

・キャビネットの壁を模擬する場合：厚さ約10mm
・建造物の壁を模擬する場合：厚さ約20mm

設置説明書に指定するように被試験機器を組み込みます。

【5】耐熱性

機器の動作が周囲温度40℃、または最大定格周囲温度が40℃よりも高い温度の場合、温度試験の結果、空間距離および沿面距離が要求事項を下回らないことが要求されます。また、プラスチックなどの非金属材料の外装は、機器の動作における上昇温度に耐えることが求められます。

適合性の試験は、動作処理、非動作処理のいずれかで行います。

非動作処理の場合は、機器には通電せず、70℃±2℃の温度、または耐熱性の試験中に測定された温度より10℃±2℃高い温度か、いずれか高い方の温度に7時間保存します。機器が非動作処理によって損傷する可能性がある部品を内蔵している場合は、空の外装だけをまず非動作処理し、非動作処理終了後機器を組み立てます。

動作処理の場合には、周囲温度が40℃より20℃±2℃高い温度か、または最大定格周囲温度が40℃よりも高い場合には、その温度より20℃±2℃高い温度で動作させること以外は、機器を標準試験状態で動作させます。動作終了10分以内に、機器に適切なストレスをかけ、合格基準を満たすことが要求されます。

なお、絶縁材料については、以下の耐熱性が要求されます。

・短絡が起きてもハザードにならないような絶縁材料であること

・端子に0.5Aを超える電流が流れ、接触不良により発熱する場合、ハザード・短絡を起こすまで軟化しないこと

【6】絶縁材料の軟化試験

絶縁材料の軟化試験として、ボールプレッシャ試験を実施します。試験サンプルは厚さ2.5mm以上、試験温度は、絶縁材料要求で測定した温度（主電源に接続された部分を保持するために用いる絶縁材料から構成する部分の温度、または0.5Aを超える電流が流れ、かつ、接触不良の場合には、相当な熱を消費する可能性のある端子の温度）に対して±2℃または125℃±2℃のいずれか高い温度になります。圧力は、絶縁試料サンプルは上面を水平にし、試験器具の球状部分が20Nの力で被試験部分の表面を押すように保持します。その後、1時間後、試験器具を取り去り、サンプルを冷水に浸し、ほぼ室温まで10秒以内に冷却します。その結果、球状部分による痕跡が直径2mmを超えないことが求められます。

またビカット軟化試験もあります。この方法はISO306のA120法で定義されています。この試験は、絶縁材料の温度を上昇させながら、押し込み圧子で1㎜押し込まれたときの温度を読み取ります。このビカット軟化温度は、130℃以上であることが求められます。

7.5　流体に起因するハザードに対する保護

試験室で使用する理化学機器などは、水に触れる機会が多くあります。これらの機器の使用時には、接触する流体に関するハザードを考慮する必要があります。IEC61010-1においても、操作者、または周辺環境を保護する設計を行うことが求められます。また実際に、清掃、こぼれ、あふれ、電池の電解液などの処理および試験によって確認することが求められます。

【1】流体のカテゴリ

流体について、接触の度合いによって、常時接触（例：容器による収納）、時折接触（例：清掃液）、偶然に接触などのカテゴリに分かれます。

【2】清掃

清掃または汚染除去の手順を製造業者が指定している場合、ハザードにならないようにします。検証方法は、以下の作業で行います。清掃手順が指定されている場合には、機器を3回清掃します。また汚染除去手順が指定されている場合には、機器を1回汚染除去します。

【3】こぼれ

こぼれにより、絶縁体もしくは内部の非絶縁部分が濡れても、ハザードにならないように機器を設計します。

ハザードになりそうな場合は、液体が電気部品に届く可能性がある各箇所に、それぞれ15秒かけて、0.2Lの水を0.1mの高さから一様に注ぎます。その後、耐電圧試験（湿度前処理なし）に合格しなければならず、接触可能な部分が限度値を超えないようにします。つまり、液体のこぼれで感電しないことが求められます。

【4】あふれ

あふれにより、絶縁体が濡れたり、または危険な活電部分である内部の非絶縁部分が濡れたりすることでハザードにならないように保護します。容器にその体積の15%に等しい、または0.25Lのいずれか多い量の液体を、60秒かけて一様に注ぎ、15°装置を傾けた直後、耐電圧試験を実施します。

【5】電池の電解液

電池は、電解液が漏れても安全が損なわれることがないようにします。

【6】特別に保護された機器

IEC60529のIPコードに適合し、製造業者が機器の定格に定め、かつ、表示している場合、規定された程度まで水の侵入に耐える必要があります。IP試験の実施後、耐電圧試験で検証します。

【7】流体圧力および漏れ

最大圧力は、規定されている最大定格動作圧力を超えてはいけません。また、圧力での漏れおよび破裂については、正常な使用において、圧力と体積との積が200kPa・Lを超える場合、または圧力が50kPaを超える場合において、流体収納部分が破裂および漏れによるハザードになってはいけません。

さらに、高圧力のレベルよりも低い圧力の流体収納部分からの漏れがハザードにならないようにします。

過圧安全デバイスは、正常な使用で作動してはならず、以下の要求事項に適合させる必要があります。保護しようとするシステムの流体収納部分にできる限りすぐ近くで接続すること、検査、保守および修理が容易に行えるような取り付けであること、工具を用いずに調整ができないこと、放出された物質が、いかなる人にも向かわないような位置および方向にその排出口を備えること、過圧安全デバイスの動作が、ハザードになりうる部分に物質を溜めないような位置および方向に排出口を備えること、圧力がそのシステムの最大定格動作圧力を超えないことを確実にするに十分な排出容量があることなどです。また、過圧安全デバイスと保護しようとする部分に停止バルブがあってはいけません。

7.6　レーザを含む放射、音圧および超音波圧に対する保護

機器によっては、機器内部で紫外線、電離放射線、マイクロ波放射、レーザ光、音、超音波を発生するものがあります。IEC61010-1ではこれらがハザードにならないことが求められます。規格で示されているハザードの内容と要求事項を表7.16に示します。

LEDについては、IEC62471、およびIEC TR62471-2の要求があります。

表7.16　ハザードの内容と要求事項

項番	内容	要求事項
①	電離放射線	100mm距離で1 μ Sv/h以下
②	紫外線	IEC62471
③	マイクロ波	50mm距離で10W/m²以下
④	音圧および超音波	80dB以下
⑤	レーザ源	IEC60825-1

【1】電離放射線

電離放射線を（放射線源またはX線源から）発生する機器は、以下の要求事項を満たさなければなりません。

電離放射線の放出を意図する場合は、以下の(1)が要求されます。IEC62598の適用範囲内の場合、この規格に従って試験し、分類し、表示しなければなりません。

電離放射線を用いるかまたは発生するが、迷放射線（有用な目的を提供しない放射線）だけの場合は、以下の(2)が要求されます。

なおX線およびガンマ線放射の許容値は、それぞれ1 μ Sv/h=0.1mR/h、5 μ Sv/h=0.5mR/hです。

これらの許容値は、各国の保健機関において規制されています。その規制の例として、電離放射線についての指令（96/29/EURATOM）またはUSA 29 CFR 1910.1096があります。

(1) 放射線の放射を意図する機器

放射性物質またはX線を発生する機器、および機器の外部に電離放射線を放出することを意図する機器は、以下の測定を行い、測定結果を表示します。

放射の実効線量率は、機器の全ての表面から50mm～1mの距離で測定します。50mm以外の任意の距離で測定する場合は、50mmの距離での等価実効線量率を計算します。表面から50mm

の容易に届く全ての点での実効線量率が5 μ Sv/hを超える場合に、機器に以下の表示を行います。

表5.6に示す番号17の記号（下記参照）を表示すること、一つ以上の放射性物質のみを内蔵する機器は、放射性同位元素の略語を表示すること、1mでの最大線量率の値か、またはmで表した適切な距離での1 μ Sv/h～5 μ Sv/h間の線量率の値のいずれかを表示することなどです。

(2) 放射線を放射することを意図しない機器

意図しない迷放射線の実効線量率については、機器の外面から100mmの容易に届く全ての点で1 μ Sv/hを超えないことが求められます。例としては、放射性物質を内蔵する機器、陰極線管・X線源を内蔵する機器、5kVを超える電圧の電子加速器を内蔵する機器などです。なお、5kVを超えて電子を加速させる機器は、収納部が工具を用いないと開くことができない構造にします。

【2】紫外線放射

紫外線光源を内蔵する機器は、外部にハザードになるような意図しない紫外線放射がないようにします。紫外線放射により、生物学的損傷、プラスチック外装・絶縁材料の劣化が生じます。これらについては、国が定めた労働者の安全のためのガイドラインまたは要求事項がある場合には、それらに注意を払う必要があります。

【3】マイクロ波放射

正常状態および単一故障状態において、機器から50mm離れた全ての点で、周波数1GHz～100GHzにおけるマイクロ波のスプリアス放射（意図しない放射）の電力密度が10W/m^{2}を超えないことが求められます。ただし、この要求事項は、マイクロ波放射を意図的に伝播する機器には適用しません。

【4】音圧および超音波圧

音圧レベルがハザードとなる騒音を発生する場合、製造業者は、機器が発生しうる最大音圧レベルを測定します。さらにISO9614-1またはISO3746に規定された最大音響パワーレベルを算出します。

超音波を放出することを意図していない機器が、ハザードになるレベルの超音波を発生するとき、製造業者は機器が発生しうる最大超音波圧レベルを測定しなければなりません。操作者の通常の位置から1mの距離、または最大圧力レベルの音を示す機器表面から1mの距離の両方で測定したとき、20kHz～100kHzの周波数で、基準圧値20 μ Paを110dB超えないこと、有効ビームの外部では、超音波圧は、20kHz～100kHzの周波数で、基準圧値20 μ Paを110dB超えないことが求められます。有効ビームの内部では、超音波圧が20kHz～100kHzの周波数で、基準圧値20 μ Paを110dB超えるレベルの場合には、その機器には表5.6に示す番号14の記号（下記参照）を表示します。さらに文書には、有効ビーム寸法、超音波圧が110dBを超える有効ビーム領域、ビーム領域内の最大超音波圧値などを記載します。

【5】レーザ

レーザを備える機器は、IEC60825-1に適合する必要があります。

7.7　漏洩ガス、漏洩物、爆発および爆縮に対する保護

機器は、正常な状態において、危険な量の有毒・有害なガス・物質などを発散させてはいけません。これらのガスおよび物質を発散する場合やその量については、製造業者が文書に記載しなければなりません。有毒・有害なガス・物質の量の基準は、実際に業務において使用する際の限界しきい値を表に示すことが望まれます。

【1】爆発および爆縮

試験機器内に加熱、過充電による爆発の可能性がある部品に対して、圧力を解放するデバイスが備えられていない場合、操作者に対する保護方策をとる必要があります。また圧力解放デバイスは、それ自体が危険にならないように配置します。また、圧力解放デバイスの動作も妨げてはいけません。これらは検査による確認が必要です。

【2】電池および電池の充電

電池については、いくつかの要求事項があります。

電池のデータの検査および、充電回路などの単一部品の故障による爆発・火災のハザードがないことを検査します。また、必要に応じて、単一部品の短絡・解放でハザードが引き起こされないことを検査します。また、逆極性の試験も行います。

電池については、過充電・過放電・逆極性において、爆発や火災が生じないこと、機器内に、これらの誤使用に対する保護を取り付けること、間違った電池を取り付けることがないよう、機器への警告表示と取扱説明書に警告表示すること、電池に再充電できる機器は、電池収納部内、またはその近くへの警告表示を行うこと、使用できる電池の型式を指示すること、電池収納部は、可燃性ガスの爆発または火災が起こるような蓄積がないように設計することが要求されています。

【3】陰極線管の爆縮

陰極線管は、最大管面寸法が160㎜を超え、外装による保護がなされていない場合、爆縮、機械的衝撃に対する保護が必要です。この場合、保護用遮断は、工具の使用により取り外せること、ガラスの遮蔽を使用する場合、陰極線管の表面と接触しないことが求められます。

正しく取り付けたときに付加的保護が必要ない場合、爆縮が本質的に保護されるとみなします。なお、陰極線管の適合性は、IEC60065の規定で確認します。

7.8 部品およびサブアセンブリ

安全配慮のため、製品に組み込む部品（コンポーネント）、サブアセンブリ（電源装置、組み込み情報技術機器など）は、定格で使用します。これらの部品およびサブアセンブリは、以下の四つの要求事項のいずれかを適用します。

一つ目は、部品に対して、IEC61010-1の安全要求事項を適用します。部品の個別規格の適合性は要求していませんが、安全上適用が必要な場合であれば試験を実施します。ただし、IEC61010-1に適合している部品であれば、再度この部品に対する試験を行う必要はありません。なお、他の安全規格IEC60950-1の要求事項を満たす部品もありますが、IEC61010-1の該当する周囲温度より厳しくない場合、さらに付加的な要求事項を満たすための試験を行う必要があります。

二つ目は、部品についてIEC61010-1の要求事項および適合が必要な場合、部品に関するIEC規格に該当するあらゆる付加的な安全要求事項を適用します。

三つめは、部品について関連するIEC規格がない場合、IEC61010-1の要求事項を適用します。

四つ目は、部品が関連するIEC規格の要求事項と同等以上に厳しい規格の安全要求事項を適用します。

このように、部品が規格の要求に適合していることが条件です。なお、UL規格に適合している場合、同等の安全レベルに見えますが、電源電圧がIEC61010-1と異なるため、同等以上とは言いにくい場合があります。

【1】モータ

モータの停止・始動を阻止してしまったときに、感電、火傷、火災などのハザードが生じる場合には、温度ヒューズなどの過昇温度保護、熱保護デバイスで保護します。なおこれは、単一故障状態での温度上昇の測定により確認する必要があります。例えば、冷却ファンが止まった場合でも、機器がさらに加熱しないことが求められています。また、同等の処置として、冷却ファンの穴を塞いだときの温度上昇を測定し、許容される温度以下であることや、機器が停止して温度が上昇しないことが求められます。

また、直巻励磁モータは、速度が上がりすぎてもハザードとならないように、機器に直結した形で検査します。

【2】過昇温度保護デバイス

過昇温度保護デバイスは、単一故障状態でも動作することが必要です。組み立ては、信頼できる機能が保証されること、デバイスの定格が回路の最大電圧・電流を遮断すること、正常な使用では動作しないことなどが求められます。

ハザードを防止するためのサーモスタットなどを用いる場合、機器の被保護部分は、操作者の介在なしに再起動させてはいけません。適合性は、回路図、デバイスのデータシート、取り付け方法の検査、さらには単一故障状態で動作しているときには、以下の項目の試験を実施し確認します。その場合、動作回数も記載します。

・自己復帰形過昇温度保護デバイス：200回動作
・自己復帰形でない過昇温度保護デバイス（温度ヒューズを除く）：各動作の後にリセットしてから10回動作
・リセットしない過昇温度保護デバイス：1回動作など

機器の損傷防止のため、強制冷却、休止期間を取り入れても問題はありません。過昇温度保護デバイスは、単一故障状態においても適用します。さらなる単一故障状態の場合、デバイスが機能しないことがないようにする必要があります。

【3】ヒューズホルダ

操作者がヒューズを交換する場合に、感電しないことが求められます。そのため、ヒューズホルダの交換時に、AC230Vなどの電源入力を切ることができるように、ヒューズホルダの向きに注意する必要があります。このヒューズホルダの安全性は、接合形テストフィンガで検証します。

【4】主電源電圧選択デバイス

主電源電圧選択デバイスは、偶発的に電圧・給電方式が変更にならないような構造にしなければなりません。また、機器の設定電圧が表示されるようにしなければなりません。これらは、検査と手動の試験により確認します。

【5】機器外で試験を行う主電源変圧器

機器の外部で試験する主電源変圧器は、機器内部（組み込まれた状態）の条件で試験する必要があります。短絡試験、過負荷試験により確認します。機器内に取り付けた場合に、単一故障状態および巻線の温度などによる他の試験で合格するか疑義が生じる場合には、機器内に取り付けて試験を繰り返します。

【6】プリント配線板に対する要求

プリント配線版は、V-1以上の難燃性が必要です。V-1とは、国際規格IEC60695-11-10で規定されています。この分類を表7.17に示します。

表7.17 難燃性の分類

判定基準	難燃性の分類		
	V-0	V-1	V-2
試験片の残炎時間	10秒以下	30秒以下	30秒以下
一組5個の試験片合計残炎時間	50秒以下	250秒以下	250秒以下
接炎後の残炎時間と残じん時間の合計	30秒以下	60秒以下	60秒以下
支持クランプまで達する残炎・残じん	なし	なし	なし
脱脂綿を着火させる溶融・有炎落下物	なし	なし	あり

ただしこの要求事項は、エネルギーの制限を受けた回路に使用するプリント配線板には適用しなくてもかまいません。なお、この難燃性V-1については、納入におけるデータの検査か、垂直燃焼試験（IEC60695-11-10を参照）により検証します。ここで使用するプリント基板の形状は、完成品か、またはIEC60695-11-10で規定する切片試料が用いられます。

【7】電源入力における過渡過電圧を制限するデバイス

過渡過電圧の影響を抑えるため、過電圧を制限するデバイスである回路、もしくは部品を取り付けます。回路もしくは部品の例としては、スパークギャップ、セラミックコンデンサ、インピーダンス、ガス充填アレスタなどがあります。これらは、通常入力端の配線間に挿入します。これらには、過渡過電圧に対して短絡し過電圧を逃がす機能があります。その結果、回路への過電圧の流入の影響を抑えられます。これらの回路や部品は適切な耐性が求められます。

7.9 インタロックによる保護機能

インタロックとは保護方策の一つで、ある条件が整わないと製品が動作できなくなる機構です。使用者が誤った操作を行ったときにハザードに近づかないようにする機能です。

インタロックは、機器のハザードから使用者を切り離し、保護します。ハザードを検知して、インタロックが働いたとします。この場合、ハザードが取り除かれる前に使用者がハザードに近づくことは危険です。そのため、ハザードが取り除かれた後、製品が動作に復帰できるようにします。このインタロックは、ハザードの解消前の動作復帰を確実に阻止できる信頼性が要求されます。インタロックの検証は、検査や試験を通じて要求どおりに機能するかを確認します。

【1】インタロックの復帰

インタロックの復帰は、ハザードが解消されて初めて行えるように設計します。これは、メンテナンス中の事故を防ぐためにも必要で、ハザードが解消されていない状況での動作復帰を阻止します。また、簡単に動作復帰できないよう、工具を使用しないと復帰できないように設計します。これらの検証は、テストフィンガの挿入やインタロック部分への接触で行います。

【2】インタロックの信頼性

インタロックの考え方の例として、エレベーターや電車の扉があります。これらの扉が開いたときは、インタロックが働き、機器は動作しません。インタロックが故障してしまうと、製品は危険な状態に陥ります。そこでインタロックには、高い信頼性が要求されます。インタロックを構成するシステムは、機器の寿命まで必ず動作できなければなりません。検証においては、繰り返しインタロックを動作させます。動作させる回数は、製品が予測される寿命までにインタロックが動作する最大回数の2倍、または10,000サイクルのいずれか多い方を選択し実施します。また、検証後にインタロックの機能が損なわれていないことを確認します。

7.10 用途に起因するハザード

以下は製品の使用時に起きるハザードの発生についての保護を要求するものです。

【1】妥当に予測できる誤使用

「人は間違える、機械は故障する」ことから、人が装置を誤操作した場合にもリスクが許容できるように設計する必要があります。誤使用の例としては、機器の操作または調整においてつまみを回しすぎる、電気的な極性を逆に接続する、ソフトウェアベースの制御あるいはハードウェアベースの制御における不適切な入力など設計上は意図しない設定をする、または操作説明書に記載されていない方法で設定するなどが考えられます。

これらの誤使用に対して、次のような対策が必要です。まず、リスクアセスメントを実施し、検証を行うとともに、そのリスクアセスメントの文書化を図り適合性を保証することが求められます（リスクアセスメントについては、第9章で説明します）。

【2】人間工学的側面

人間工学面からの危険要因としては以下のようなものがあります。

子供が機械に間違って触れる、表示器・指示器などを見間違える、誤って制御器に触れる、誤って違うボタンスイッチを押すなどです。

使用者が機器を使用、操作する上での危険要因に対して、【1】に挙げた誤使用への対策と同様にリスクアセスメントの実施が必要です。また、それに合わせて、検証とリスクアセスメントの文書化が求められます。

8

第8章　電気安全性に関する試験

製品の安全性を検証するには、各種の試験を行います。具体的には、入力定格の確認、耐電圧試験、温度上昇試験、保護導通試験、漏れ電流試験、残留電圧試験、衝撃試験などがあります。電気的安全性は、電撃に対する保護、火傷に対する保護などに関係するため、これらの試験が必須になっています。なお、試験内容とハザードとの関係は、表8.1のとおりです。本章ではそれぞれの試験について詳しく解説していきます。

表8.1　電気的安全性に関する試験項目とハザード

試験項目	ハザード
入力定格の確認	感電
耐電圧試験	感電
温度上昇試験	火傷、火災
保護導通試験	感電
漏れ電流試験	感電
残留電圧試験	感電
衝撃試験	機械的ストレス

8.1 感電に関する試験

【1】感電の影響

機器に危険な電圧が印加されている配線などがむき出しになっている場合、人体が触れると、感電の恐れがあります。

感電が起こる原因としては、高い電圧が生じている部分が露出していたり、電気製品の絶縁不良であったり、アースが機能しないなどがあります。人間の身体は元々電気抵抗が低いですが、皮膚が汗などで濡れていると、さらに電気抵抗が低くなり感電の危険性が高まります。感電で流れる電流の経路が心臓を通過する場合、心室細動、心停止など生死にかかわる場合もあります。

感電は、人体に流れる電流値、電流が流れる時間、人体に流れる経路によって影響が異なります。表8.2に、感電で流れる電流と人体への影響との関係を示します。

表8.2　電流と人体への影響との関係

電流	症状
1mA	ビリッと感じる。人体に危険性はない。
5mA	相当痛い。許容電流の範囲。
10mA	耐えられないほどビリビリする。
20mA	筋肉の硬直。呼吸困難。引き続き流れると死に至る場合もある。
50mA	短時間であっても、生命に危険。
100mA	致命的な障害が発生。死に至る場合もある。

電子機器からの漏電は、漏れ電流試験により評価します。IEC61010-1における漏れ電流試験の限度値は、3mAです。表8.2の症状と比較すると、1mA（人体に危険性はない）と5mA（相当痛い）の間の許容電流に該当します。

【2】感電の防止対策

感電を防止するためには、高い電圧が印加されている部分に人体が接触するような露出部がないこと、絶縁物を挿入すること、絶縁距離を取り絶縁を強化すること、人体が触れる場所を常に接地することなどの対策があります。製品からの漏電の影響が小さいことを検証するため、漏れ電流試験を実施し、製品の表面から大きな電流が漏れていないことを確認します。特に、大きな漏電が生じる場合には対策を施すことが必要です。対策法は以下のようになります。

まず、電気的に危険な部分に身体に触るような露出がないことです。露出している場合には、カバーなどを付けて保護します。カバーが機能していることを検証するためには、漏れ電流試験を実施します。

また製品の取っ手や筐体などの接地を強化することです。製品の金属筐体部分などを確実に接地線に接続します。検証は、保護導通試験により接地の状況を確認します。

さらに絶縁を強化します。強化絶縁、二重絶縁などで絶縁を強化すること、絶縁距離を離すことなどを行います。検証は、耐電圧試験により行います。

8.2 電気安全試験の流れ

製品に対して行う電気安全試験の流れを示します。

【1】製品の仕様の確認

試験を実施する製品の仕様を明確にする必要があります。製品がどのようなものか、誰が使用するか、どのような環境で使用するかなどを明確にします。IEC61010-1：2010の1.4節に記載されている通常環境条件、拡張した環境条件などを参考として、対象製品の環境条件を決定します。製品の環境条件を表8.3に示します。

表8.3 製品の環境条件

項目	通常環境条件	拡張した環境条件
a）機器の設置場所	屋内	屋外
b）使用する場所の高度	2000m以下	2000mを超える高度
c）周囲温度	5℃以上40℃以下	5℃未満40℃を超える温度環境
d）相対湿度	5℃～31℃：80％、31℃を超えるときは40℃において50％まで直線的に減少	左記の範囲外
e）主電源電圧変動	公称電圧±10％	公称電圧±10％を超える変動
f）過渡過電圧	過電圧カテゴリⅡまで	過電圧カテゴリⅢまたはⅣ
g）一時的過電圧	過電圧カテゴリⅡ	過電圧カテゴリⅢまたはⅣを超える
h）汚染度（塵埃）	汚染度2	左記以外
i）湿潤な場所	湿潤でない	湿潤である場所で使用（要コーティング）
j）保護等級（IP）	----	要防水対策

過電圧カテゴリは、通常のコンセントからの給電の場合には、過電圧カテゴリⅡが該当します。

製品の仕様において、設置場所が、屋内用なのか、屋外用なのかがはっきりしている場合もありますが、防塵・防水レベルを規定するj)「保護等級（IP)」を定義していないことが多く見受けられます。特に試験室の環境では、化学実験などで製品の近くで水を使用する場合があり、それに合った防水レベルが必要となります。

【2】重要安全部品の確認

電源などの重要安全部品は、欧州認定機関、またはULなどの認証品を用いることを推奨します。IEC61010-1：2010の14章「部品及びアセンブリ」に記載があるように、認証品を用いていない場合には、各部品の個別の安全規格試験を行う必要があります。検証を省くためには、適合した部品を使用しなければなりません。

【3】製品安全規格の決定

製品の種類に対して、適用する製品安全規格は異なります。低電圧指令のリストから、適用する規格を選択します。例えば、計測・制御・試験所用電気機器であれば、IEC61010-1を、機械の電気・電子装置であれば、IEC60204-1を選定します。

【4】試験項目の調査と試験の実施

感電、火傷などのリスクを洗い出し、それに該当する試験項目を漏れなく抜き出して試験を実施します。感電に対するリスクに対しては、耐電圧試験、漏れ電流試験、保護導通試験などを実施します。火傷に対するリスクに対しては、温度上昇試験を行います。耐電圧試験であれば電源線－アース間の絶縁やトランスの一次側と二次側間の絶縁の試験、漏れ電流試験では、アース－外装間の測定などを行います。

【5】試験を実施し、不適合になった場合

試験を実施した結果、不適合があれば、対策を施す必要があります。絶縁やアースの効き目が弱く感電の恐れがある場合には、①絶縁の強化（沿面距離・空間距離の確保、二重絶縁、強化絶縁など）、②保護導通に対してはアースの強化などの対策が必要です。

8.3 製品安全を試験するための設備

IEC61010-1：2010の要求事項における電気安全試験の試験機器として、以下のものが必要となります。

【1】電力計

図8.1のような電力計を用いて、電源の入力定格を確認します。主に製品の定格表示を適切に行うためです。規格に適合させるには、電源電圧の電圧、周波数、電流あるいは電力の値を表示する必要があります。交流安定化電源で電圧および周波数を設定して製品に印加します。そこで電力計を用いて、電流あるいは電力を測定します。電源電圧の設定は、±10%の値を考慮する必要があります。入力定格がAC230Vの場合、AC207V、AC253Vの3点の電源電圧で評価する必要があります。日本では周波数50Hz、60Hzの両方が使われていますが、英国、ドイツなどでは50Hzになります。

図8.1　電力計の例（横河メータ&インスツルメンツ株式会社WT500）

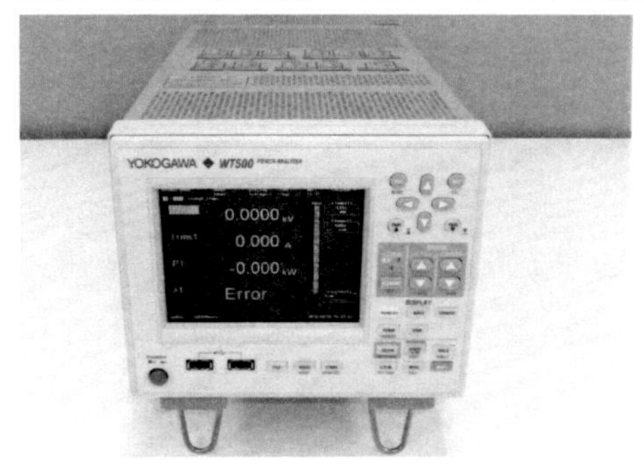

【2】耐電圧試験器

図8.2のような耐電圧試験器を用いて、感電に対する絶縁の保護が確実に行われているかを検証します。電源線－アース間に高電圧を印加したときに絶縁破壊が起こらないことが求められます。印加する電圧は、交流もしくは直流です。なお、印加時間は1分間です。製品に印加する電圧は、絶縁の種別（基礎絶縁、補強絶縁、強化絶縁など）により異なります。

試験を行う前には、湿度前処理を行います。そのため、恒温恒湿槽もしくは恒温恒湿室が必要になります。

図8.2　耐電圧試験器の例（菊水電子工業 TOS5101）

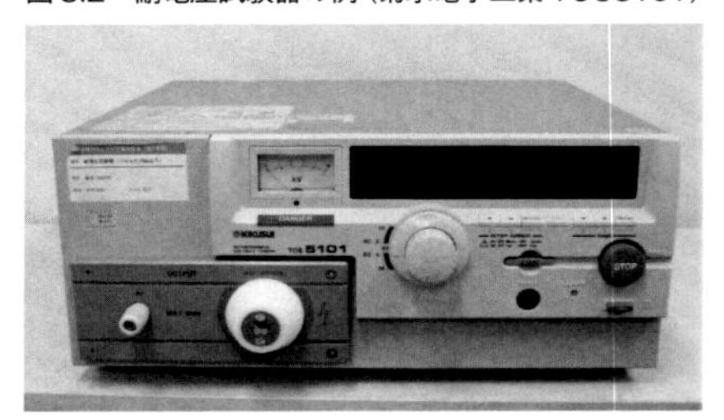

【3】ハイブリッドレコーダー

図8.3のようなハイブリッドレコーダーに熱電対を接続し、製品に火傷のリスクに対する保護がなされているかを検証します。製品の動作状況における温度上昇を確認します。試験品の温度が上昇しやすいところや人体の接触が起こりうる製品表面に熱電対を接触させて、温度上昇を確認します。

なお、製品周囲の試験環境については、製品の温度上昇分を測定するため、試験室の温度が一定であることが必要です。また、温度が飽和するまで試験を実施します。

図8.3　ハイブリッドレコーダーの例（YOKOGAWA DR130）

【4】保護導通試験器

製品の金属外装部における感電に対する保護が必要です。この場合、図8.4のような、保護導通試験器で検証します。

図8.4　保護導通試験器の例（日置電機 3157）

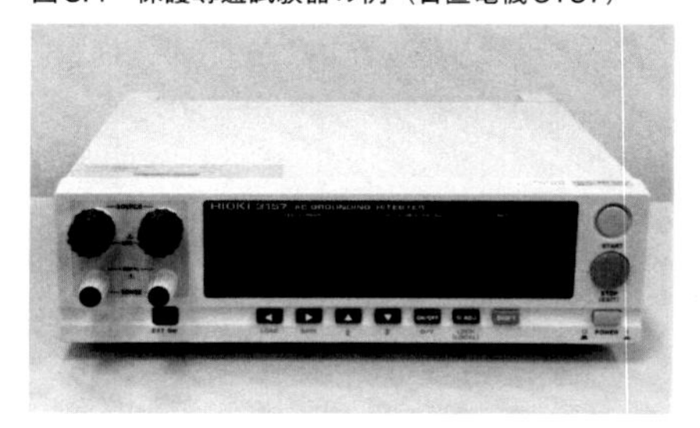

保護導通試験器の片方のプローブをプラグのアース端子に接続し、もう片方のプローブを金属外装部やねじに接触させます。製品の電源コードが取り外せない場合は、交流25Aの電流を流した際に抵抗値が200mΩ以下であることを確認します。

【5】漏れ電流試験器

図8.5の漏れ電流試験器は、製品に人体が触れた場合、漏れ電流による感電の影響がないことを確認するための試験器です。電流の漏れが許容値以下であることを確認します。接触電流の測定回路は4種類あり、製品の使用環境に合わせて選択します。接触可能部分の限度値は、正常状態では、正弦波の実効値0.5mA、単一故障状態では、正弦波の実効値3.5mAと決められています。

図8.5　漏れ電流試験器の例（日置電機製）

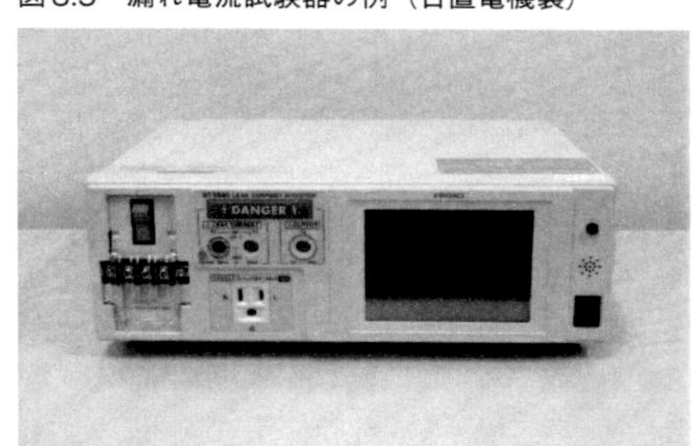

【6】残留電圧測定のためのオシロスコープ

製品の電源プラグを引き抜いたときに、端子に現れる残留電圧による感電の影響を確認するために、図8.6のようなオシロスコープを使用します。製品の入力電圧を印加した状態からプラグを引き抜いて、5秒後に危険な電圧ではないことが求められています。

図8.6　オシロスコープの例（TFFフルーク社製）

8.4 入力定格（主電源）の測定

IEC61010-1規格では、機器の定格（入力電圧、周波数、電力または電流）の確認と表示が必要です。この定格を測定するためには、図8.1のような電力計および図8.7のような安定化電源を用います。

交流安定化電源において、電源電圧を製品に印加します。そのときの電流および電力を電力計で測定します。英国では、AC240V、50Hz、フランス、ドイツなどの電源は、AC230V、50Hzです。通常の環境条件では、電源電圧の変動を±10%考慮する必要があります。そのため電源電圧がAC230Vの場合、AC207V、AC253Vの電圧条件に対しても検証する必要があります。

製品に組み込む電源が適合品であっても、負荷をつないだ場合には電流、電力が変わるため、実機で測定する必要があります。

図8.7　安定化電源の例（エヌエフ回路設計ブロックKP3000GS）

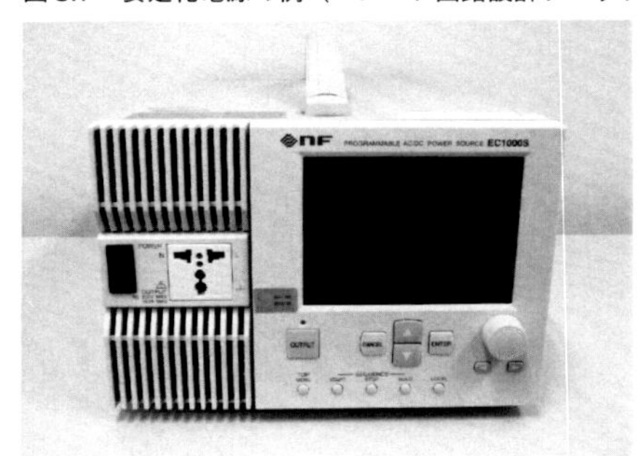

8.5　耐電圧試験

【1】耐電圧試験の概要

感電に対する保護機能の絶縁性を確認するために、耐電圧試験を行います。製品に対して、人体が接触したときに危険な電圧が加わらない要求に関する試験です。

まず、①電源線（一次側）と筐体アース間に高電圧を印加して、絶縁破壊が起こらないことを確認します。次に、②トランスの一次側－二次側間、電源線と製品に接触する金属間などの絶縁耐性を試験します。なお、一次側の製品の開閉器（スイッチ）は閉状態で試験します。上記の耐電圧試験の概要を図8.8に、試験器の外観写真は図8.2となります。

図8.8　耐電圧試験の回路図

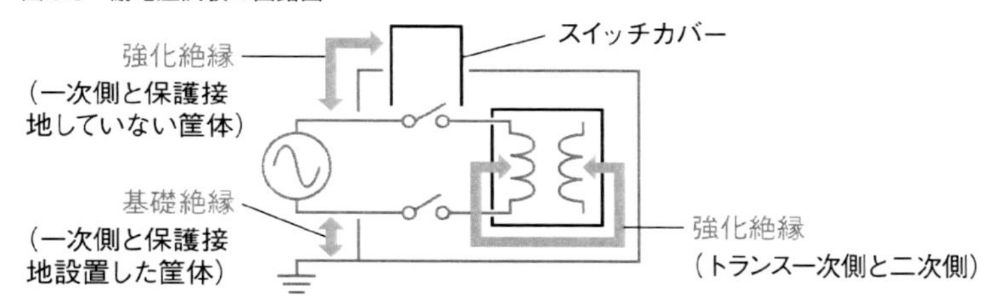

【2】耐電圧試験の印加電圧

耐電圧試験において、製品に印加する電圧は表8.4のとおりです。絶縁の種別（基礎絶縁、補強絶縁、強化絶縁など）により電圧が異なります。入力電圧がAC230Vの場合、試験電圧は表のアミ掛け太字の部分となります。

表8.4　耐電圧試験の試験電圧（IEC61010-1の場合）

AC入力電圧	印加電圧			
	交流電圧（実効値）の場合		直流電圧の場合	
	基礎絶縁および補強絶縁	強化絶縁	基礎絶縁および補強絶縁	強化絶縁
150V以下	1350V	2700V	1900V	3800V
150Vを超えて300V以下	**1500V**	**3000V**	**2100V**	**4200V**

この耐電圧試験では、通常、交流入力では交流電圧を印加し、直流入力では直流電圧を印加

します。電源プラグのライン―アース間では、基礎絶縁の電圧で試験を行います。また、電源トランスの一次側と二次側では、強化絶縁の電圧で試験を行います。試験電圧の印加時間は、1分間です。

突入電流の影響がないように、印加電圧を0Vから徐々に上げ、絶縁破壊が起きないことを確認しながら、規定の印加電圧まで上げていきます。そして、1分間絶縁破壊が起こらないことを確認します。

なお、この試験電圧は、表8.5のように試験場所の高度に応じて補正する必要があります。この場合、空間距離に対応します。ただし、固体絶縁に対しては補正しません。

表8.5　試験所の高度に対する補正係数（IEC61010-1の場合）

試験電圧	補正係数	補正係数
ピーク値　→	600V以上3500V未満	3500V以上25kV未満
実効値　→	424V以上2475V未満	2475V以上17.7kV未満
試験所の高度[m]　↓		
0	1.16	1.22
500	1.12	1.16
1000	1.08	1.11
2000	1.00	1.00
3000	0.92	0.89
4000	0.85	0.80
5000	0.78	0.71

試験所の高度は、2000mを基準としています。例えば、東京都立産業技術研究センター多摩テクノプラザ（海抜100m）において、電源電圧230Vの基礎絶縁に対する耐電圧試験を行う場合、

$$1500V \times (1 + 0.16 \times 1900 \div 2000) = 1728V$$

となり、1728V以上を試験品に印加することとなります。

【3】湿度前処理

耐電圧試験は、表8.6のような湿度前処理の後に行います。ただし、湿度前処理を行う前にも耐電圧試験を行い、十分絶縁が確保されていることを確認します。温湿度の条件は表8.6のとおりで、①から④の手順で湿度前処理を実行します。この処理には恒温恒湿槽などが必要です。

【4】ルーチン試験

感電の恐れがある製品は、出荷する全ての製品について露出している充電部に対するルーチ

表8.6　湿度前処理の条件

調節内容	時間	温度	湿度
①湿度印加前	4時間	42℃±2℃	---
②加湿	48時間	40℃±2℃	90～96%RH
③回復	2時間	回復時間	
④耐圧試験	1時間以内	試験	

ン試験を行う必要があります。耐電圧試験の試験箇所と電圧は、規格書の附属書Fに記載されています。

8.6　保護導通試験

感電のリスクに対する保護手段として、保護インピーダンス（アース接続）による保護があります。これは筐体の全ての金属部をアース線でつなげることで、内部で漏電などの短絡があっても、アースに電荷を流し、感電を防ぐものです。

この試験は、インレット、またはプラグのアース端子部と接触可能な金属筐体の導通がとれているかを検証するものです。保護導通試験の概要を図8.9に示します。

図8.9　保護導通試験の概要

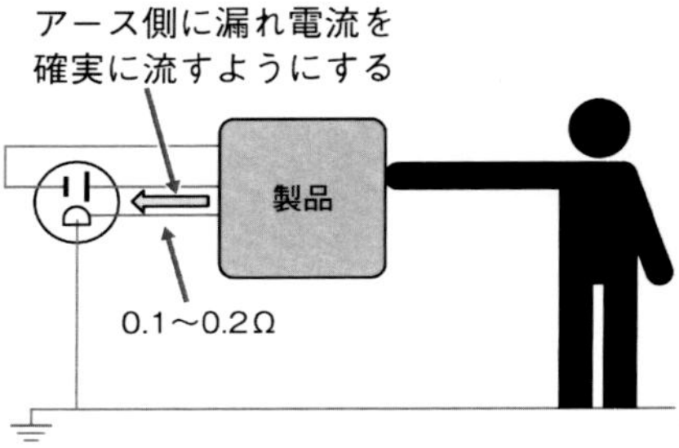

この保護導通試験を容易に行う試験器として、図8.4のような保護導通試験器があります。

IEC61010-1で印加する電流の選択は、交流25A、直流25A、もしくは定格電流の2倍のいずれか大きい方となります。試験を行う箇所は、プラグまたはインレットのアースと製品の人体が触れることができる金属部分間です。その間の抵抗値が許容できる値以下であることが求められます。

例えば、電源コードが外せる場合、インレットのアースと可触部の間の抵抗値が0.1Ω以下であること、電源コードが外せない場合、プラグのアースと可触部の間の抵抗値が0.2Ω以下であることが求められます。なお、試験時に電流を流す試験時間は、1分間です。抵抗値が規格値より大きい場合には、アースの強化（アース線を太くする。アース線の長さを短くするなど）を行う必要があります。

8.7　漏れ電流試験

人体が製品に接触した際に、感電するような電流が流れないことを検証します。機器を動作させて、人が触れることができる製品の表面から漏洩する電流が、許容値未満であることを測定し、判定します。

【1】一般電気・電子機器の漏れ電流の種類

試験のパターンは、保護アースラインの漏れ電流および筐体に触れたときの漏れ電流を測定します。

また、通常の正常動作状態と単一故障状態の両方のモードでの試験を実施します。

図8.10　一般電気・電子機器の漏れ電流の種類

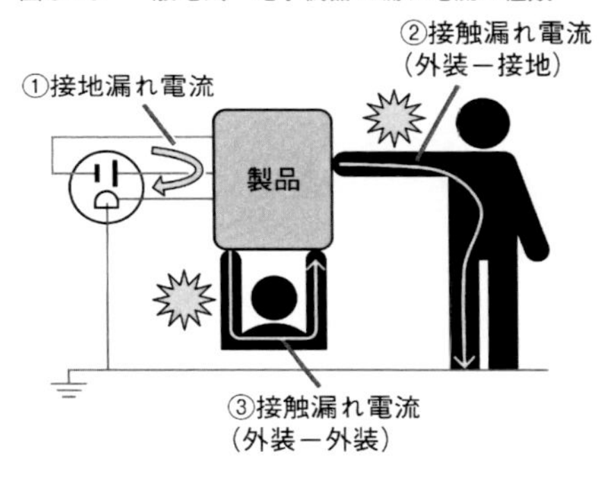

図8.10に示すように一般電気・電子機器の漏れ電流の種類は以下の3種類です。

- 保護ボンディング（接地アース線）を流れる電流（図中①）
- 機器外装から大地に使用者などを介して流れる電流（図中②）
- 機器外装の2か所同時に接触したときに流れる電流（図中③）

【2】漏れ電流試験器

機器を動作させて、前記の漏れ電流（保護ボンディング（接地アース線）を流れる電流、機器外装から大地に使用者などを介して流れる電流）を図8.5のような漏れ電流試験器で測定します。この試験器でそれぞれの漏れ電流測定値が、規格で要求されている電流の許容値以下であることを確認します。なお、製品表面がプラスチック、塗装面などで絶縁された箇所は図8.11の面接触プローブをその箇所に面接触させて測定します。

図8.11　面接触プローブ

【3】人体模擬回路

漏れ電流試験では、人体を模した模擬回路を用います（図8.12～図8.15参照）。各製品の使用環境条件により、適切な人体模擬回路を選択して測定します。各回路の条件は表8.7のとおりです。

表8.7　人体模擬回路と使用環境条件

人体模擬回路の種類（図8.13～図8.15）	使用環境などの条件
A1	1MHz以下の周波数の交流および直流
A2	周波数100Hz以下
A3	高い周波数での火傷の可能性が高い
A4	湿った場所における使用

図8.12　人体の等価回路

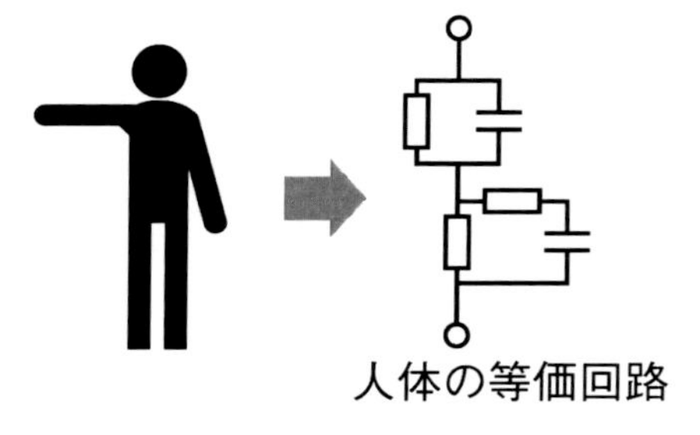

図8.13　1MHz以下の周波数の交流および直流に対する測定回路（A1）

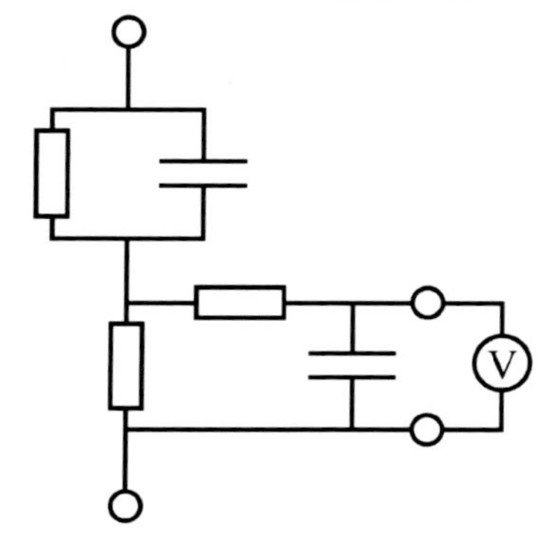

図8.14　100Hz以下の正弦波交流および直流に対する測定回路（A2回路）

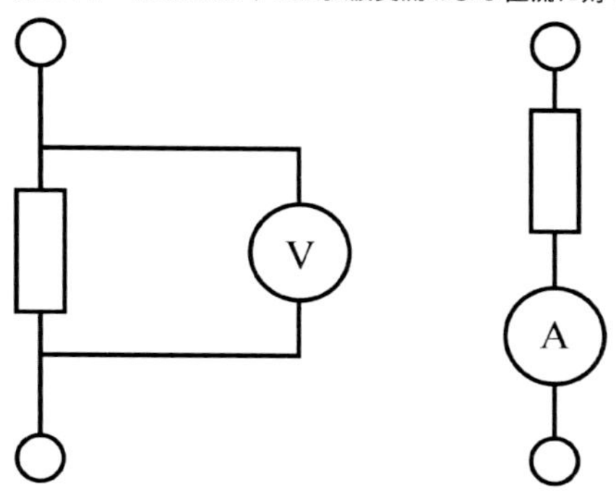

図8.15　高周波での電気的火傷に対する電流測定回路（A3回路）および湿った状態での接触に対する電流測定回路（A4回路）

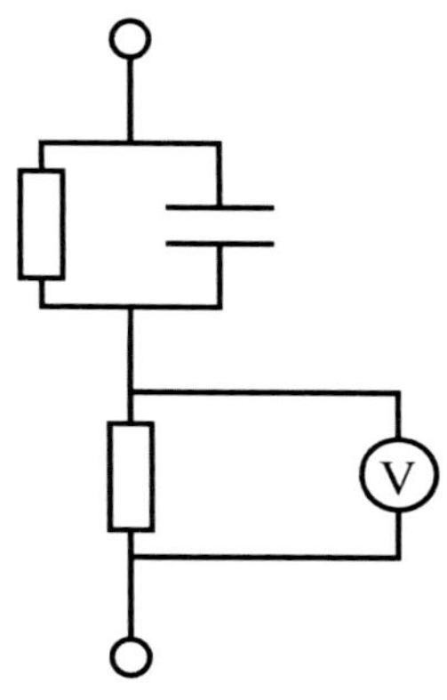

これらの回路の漏れ電流限度値を、表8.8に示します。

表8.8　漏れ電流の限度値

<table>
<tr><th>測定回路</th><th>正常状態</th><th>単一故障状態</th></tr>
<tr><td>A1</td><td rowspan="3">実効値：0.5mA
※ピーク値：0.7mA
直流：2mA</td><td rowspan="3">実効値：3.5mA
※ピーク値：5mA
直流：15mA</td></tr>
<tr><td>A2</td></tr>
<tr><td>A4</td></tr>
<tr><td>A3</td><td>70mA</td><td>500mA</td></tr>
</table>

※非正弦波もしくは混合周波数

【4】漏れ電流が大きいときの対策

漏れ電流が大きいときは、以下の対策を施す必要があります。

・充電部の露出をなくす。
・絶縁を強化する。
・接地を強化する。

8.8　温度上昇の確認

火傷に対する保護として、製品を動作させたときの筐体の表面温度の許容値が規定されています。発火原因となる部品劣化が生じる高温状態を阻止するため、モータ、巻線類では、許容できる温度が規定されています。そのため、熱電対を介して図8.3のようなハイブリッドレコーダーで、製品動作時の表面温度を記録する必要があります。

特に、火傷の影響がある部分としては、外装の表面部分、つまみ、取っ手などがあります。

【1】温度上昇の測定

これらの温度上昇は、主にハイブリッドレコーダーと熱電対を用いて測定します。装置を動作させ、温度が飽和したときの温度を測定します。飽和した温度から室温を引いた温度上昇分に40℃を加算したときの温度が、限度値（表8.9参照）と比較して小さいことが求められています。

（温度上昇分）＋40℃≦限度値
（温度上昇分）＝（飽和した外装の温度）－（室温）

【2】温度限度値

温度の限度値を表8.9に示します。この場合、正常状態と単一故障状態の温度上昇を確認する必要があります。

表8.9　製品の外装・つまみ・取っ手の許容温度（表7.14再録）

測定場所	正常状態 限度値[℃]	単一故障状態 限度値[℃]
外装の表面		
・コートされていない、または酸化皮膜処理した金属	65	105
・塗装、非金属によりコートされた金属	80	105
・プラスチック	85	105
・ガラスおよびセラミック	80	105
・使用中触れられない領域（＜2cm²）	100	105
つまみ・取っ手		
・金属	55	105
・プラスチック	70	105
・ガラスおよびセラミック	65	105
・短時間（1～4秒）つかむ非金属	70	105

単一故障状態では105℃以下になるように設計する必要があります。巻線の絶縁被覆の限度値は、表8.10のようになります。巻線の耐熱クラスは、IEC60085で定義されています。

表8.10　巻線の許容温度（表7.15再録）

巻線の耐熱クラス	正常状態 温度の許容値	単一故障状態 温度の許容値
A	105	150
B	130	175
E	120	165
F	155	190
H	180	210

また、発熱のリスクが高い部品（例：半導体デバイス、モータなど）についても温度を測定する必要があります。

特に温度が許容値より高い場合には、熱源の温度を下げること、放熱を良くすることが求められます。

8.9 残留電圧試験

プラグを外したときに、プラグに触れて感電しないことを確認する試験です。電気・電子機器側のプラグピンに危険な電圧が印加されていないことを確認します。すなわち、コード接続機器のプラグピンにコンデンサなどの充電電荷があるかどうかを確認します。

プラグピンが、電源遮断5秒後に触れた場合であっても、感電の危険がないこと（33Vrms以上でないこと）が求められています。

この試験は、図8.16のように、オシロスコープなどを用いてプラグピンの電圧の経過を測定します。なお、製品の電源スイッチは閉状態にする必要があります。

図8.16　残留電圧試験の測定

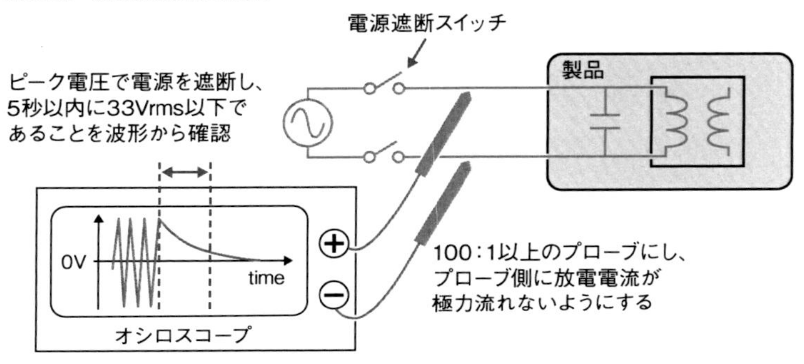

8.10　接触可能な部分の判定（可触部の決定）

テストフィンガおよびテストピンを機器の孔から差し込み、内部の電気配線など、危険な電圧が生じている部分に触れないことを確認します。これは、指またはピンなどを経由して、人が機器に触れて感電しないように保護するための規定です。図8.17にテストフィンガとテストピンの外観を示します。テストフィンガに10Nの力を加えて試験を行います。

IEC61010-1での接触可能部分の電圧の限度値を、表8.11に示します。

図8.17　テストフィンガ（上）とテストピン（下）

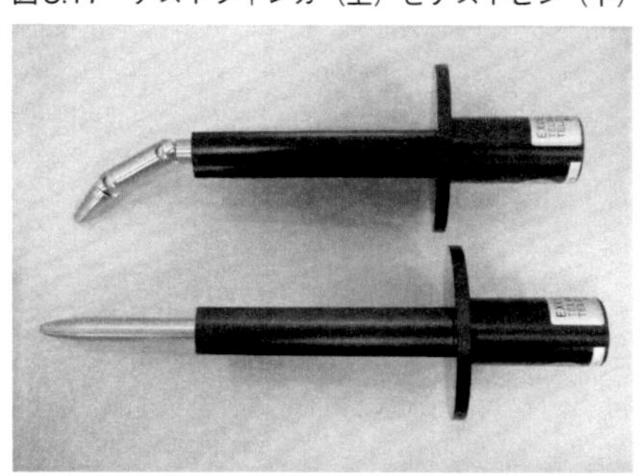

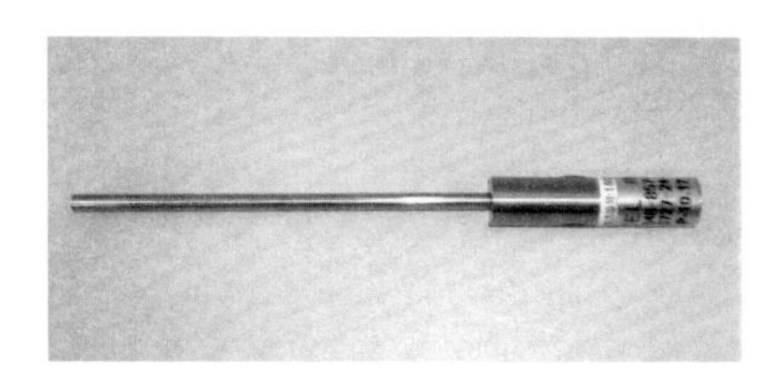

表8.11　接触可能な部分の電圧限度値（IEC61010-1）

状態	実効値	ピーク値	直流電圧レベル
正常状態	33V	46.7V	70V
正常状態（湿った場所）	16V	22.6V	35V
単一故障状態	55V	78V	140V
単一故障状態（湿った場所）	33V	46.7V	70V

8.11　衝撃試験

機器の筐体、カバーが損傷を受けたときにハザードが発生しないことを確かめるため、以下のような衝撃試験を実施します。この試験に、使用する鋼球は、図8.18のような直径50mm、質量500g ± 25gのものです。機器を剛性のある支持物に固定し、鋼球を落下させます（図7.1参照）。鋼球落下距離Xを表8.12に示します。

図8.18　試験に使用する鋼球

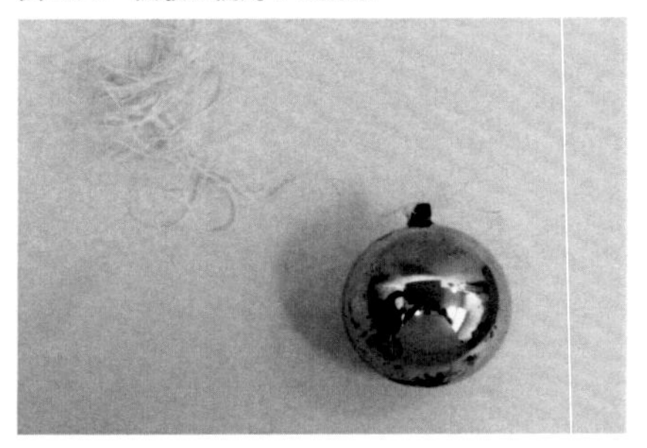

表8.12　鋼球落下距離

衝撃エネルギーレベル [J]	IKコード	垂直落下距離X [mm]
1	IK06	200
2	IK07	400
3	IK08	1000

9

第9章　リスクアセスメント

◉

9.1 EU指令のリスクアセスメント

人、家畜、財産に対する危険を未然に防止するためには、リスクアセスメントを実施することが有効です。ここでは、特にEU指令における電気・電子機器のリスクアセスメントの実施方法を説明します。

製品安全を考慮した製品を設計する前に、図9.1のように、その製品がどのような使用条件や環境条件でどのように利用されるのかを規定します。その条件下での各種の潜在的危険（ハザード）を予測することにより、そのリスクがどの程度か分析・評価する必要があります。この一連の作業により、潜在的危険のリスクを低減させることがリスクアセスメントの目的です。

図9.1　リスクアセスメントの一連の流れ

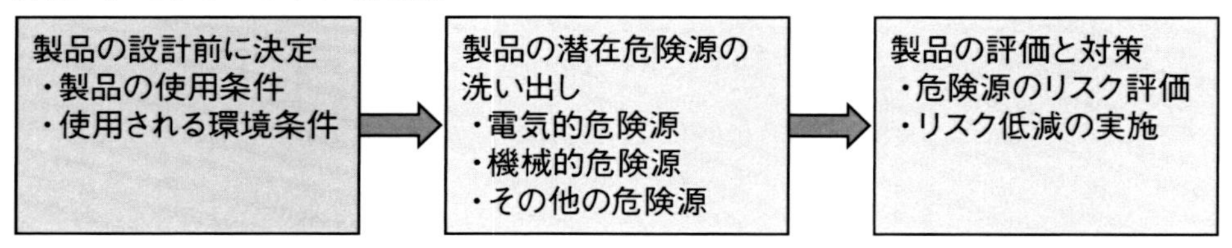

欧州のEU指令において、リスクアセスメントの実施は、「各指令の必須要求」になっています。ここではこのEUのリスクアセスメントについて説明します。

【1】各指令のリスクアセスメントの要求

各指令のリスクアセスメントは、下の①～④のように各々の指令の要求事項により、リスクの対象が異なります（図9.2参照）。

①低電圧指令：安全関連リスク（人、家畜、財産に対するハザード）

②EMC指令：EMC関連リスク（エミッションにより、他の機器に障害を引き起こす、または、イミュニティ能力が低いため、その機能を果たせない）

③玩具安全指令：子供に危害を与えることに関連するリスク

④無線機器指令（RED）：無線機器指令3章（必須要求事項）において、以下のリスクについてリスクアセスメント実施が必須

・無線周波数帯関連（RED：3.2項）

・製品安全関連（RED：3.1.a項）

・EMC関連（RED：3.1.b項）

・他の側面でリスクに関連するもの（RED：3.3項）

図9.2　各指令のリスクアセスメント要求におけるリスク対象の違い

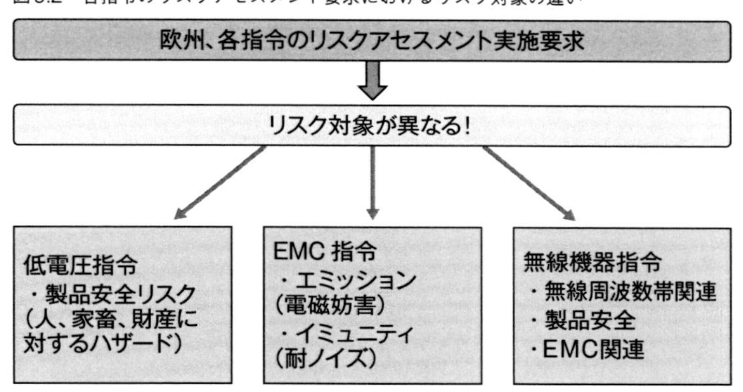

【2】EU指令のリスクアセスメントの一般ルール

リスクアセスメントは、製造業者が実施しなければならないものです（図9.3参照）。第三者試験所、欧州各国認証機関（NB：Notified Body）、その他のコンサルタントなどが実施するものではありません。製造業者は、リスクアセスメント結果の全責任を担う必要があります。リスクアセスメントの結果は、文書に残すとともに、技術文書内に盛り込む必要があります。PL（製造者責任）の観点からもリスクアセスメントを実施しておくことは賠償などの判断において有効な証拠になります。

なお、その機器のリスクが適用される各指令の整合規格の中に完全に含まれている場合は、リスクアセスメントを実施する必要はありません。ただし、この場合においてもリスクアセスメント実施に関する記述が必要です。そのため、「この機器の全てのリスクがこの規格の要求内である」という記述を技術文書内に記載する必要があります。

図9.3　EU指令のリスクアセスメントの一般ルール

EU指令リスクアセスメントの一般ルール

・必ず、製造事業者（製造メーカ）が実施し、責任を担う
・結果は、文書に残して、技術文書内に入れる
・その機器のリスクが適用される各指令の整合規格の中に完全に含まれている場合は、リスクアセスメントを行わなくても良い

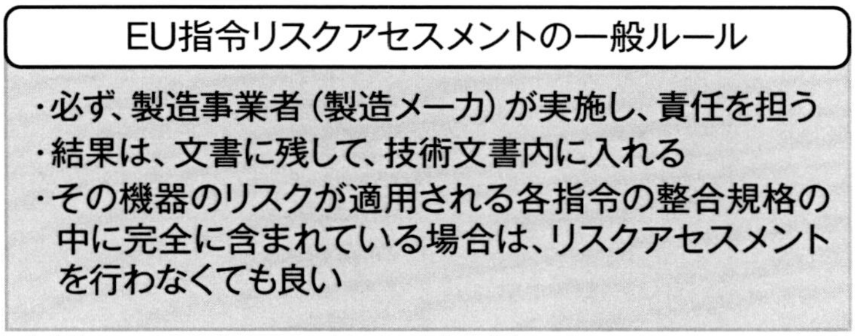

9.2 リスクベース設計

製品の安全設計において、故障・不具合、事故が全く発生しない機械や製品を設計するということは極めて困難です。それは、製品の設計ミスによるものだけでなく、使用者のミスや製品の部品消耗といった経年変化による事故をゼロにするのが難しいためです。

機械・機器に故障・不具合や事故が発生したとしても、または、危険な事態に陥った場合でも、「使用者や、他の機器の安全を確保する」方策を盛り込むことが必要です。この設計が、これからのグローバル時代に対応した「リスクベース設計」です。

【1】従来の安全設計の考え

従来の安全設計の考え方は、製造業者が製造した製品を、「使用者が注意して使用する」、または「使用者への安全教育によって安全性を高めていく」というものでした。このような考え方のもとでは、使用者のミスや部品の消耗による経年変化がゼロでないため、結局、製品による事故が発生します。

このような製品ができてから安全対策を行う、または、事故が発生してから安全対策を盛り込む設計が、従来の安全設計の考え方でした。

【2】リスクベース安全設計の考え方

「リスクベース安全設計」とは、設計前に潜在的なリスクについて検討し、その対策を設計に盛り込む設計です。すなわち、製造業者は以下のような考え方に基づいた設計を行います。

・安全設計の考え方　→　「設計による安全確保」および「安全確認」。
・危険に対する認識：人は間違うことを考慮します。
・危険対策法：災害対策は機器側の技術で行います。
・危険に対するコスト意識：安全にはコストが必要です。
・危険対策技術：論理的に安全を立証して対応します。

【3】リスクベース安全設計の実施

上記の考え方に基づき、次の事項を実施します。

・必ずリスクアセスメントを実施して、各種リスクの洗い出しと、その対策を設計に盛り込みます。

・リスクアセスメントにおいて受容できうるリスクなのかを検討し、そうでなければ受容できるレベルまで対策設計を行います。

・安全対策については製品の構想段階から検討を開始します。

・リスクアセスメントの検討は製品の全ライフサイクル（製造～試作～輸送～据付～使用～メンテナンス～廃棄）において行い、対策を講じます。

【4】従来の安全設計からリスクベース安全設計へ

製品を海外展開する場合には、今後は「リスクベース安全設計」を行って、製品開発を行う必要があります（図9.4参照）。

図9.4　従来の安全設計からリスクベース安全設計へ

従来の安全設計		リスクベース安全設計
・利用者が注意して使用する ・製品ができてから安全対策を考える ・使用者への安全教育 など		・構想・設計段階でリスク対策 ・人は間違える、機器は故障するを前提として、設計する ・故障しても安全である

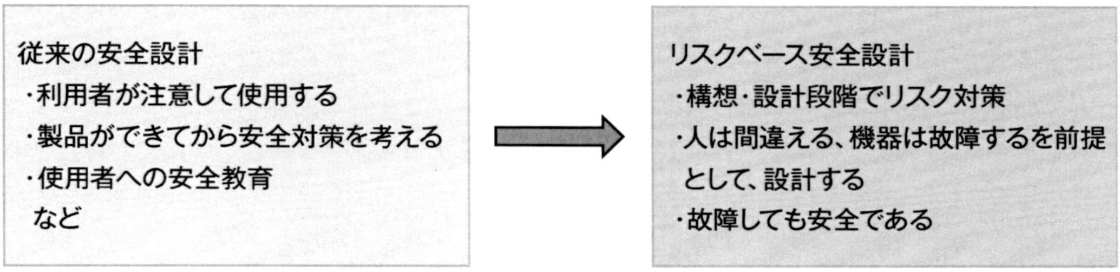

9.3 リスクアセスメントの概要

一般に、製品安全規格に記載されている要求事項を満たしただけでは、個別製品に存在するあらゆるリスクが受容できるレベルになっていることを証明することは困難です。すなわち、規格に記載されている要求事項は、一般的なリスクに対する保護方策の基本的要求に過ぎません。あらゆる製品に潜在している全リスクに対処できる基準ではないのです（図9.5参照）。

したがって、個々の製品について、規格に記載されたリスク保護要求の遵守とともに、規格に記載されていないその製品固有の潜在リスクを検討しなければなりません。このため、規格にないリスクを洗い出して、リスクアセスメントを行う必要があります。

例えば、IEC61010-1（計測・制御・試験所用電気機器の規格）では電気的、機械的な危険などの要求事項の中に、これらのリスクに対する保護対策が記載されていますが、対象製品に潜在している他の危険に対する対策は記載されていません。そこで、本規格の17章（リスクアセスメント）では、対象製品のハザードについて、別途リスクアセスメントを実施しなければならないと規定されています。

リスクアセスメントの実施にあたっては、以下の点を考慮します。

①通常の使用状況だけでなく、想定可能なあらゆる使用状況下でのリスクアセスメントを行う必要があります。
②誤使用状態についても、リスクアセスメントを実施します。
③人だけでなく、動物や財産（もの）についても、リスクの対象として考えます。

図9.5　製品の全リスクと規格内の要求事項の差

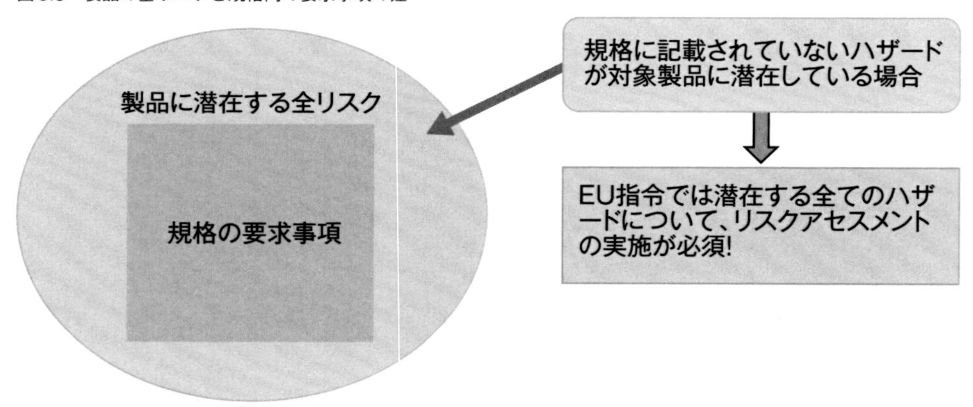

9.4 リスクアセスメントの手順

リスクアセスメントの流れは、まず「製品の限界」を決定してから、次に「リスク解析」(①ハザードの同定、②リスクの見積り、③リスクの評価）を行うという流れになります。

リスク解析は、各種ハザードについてそれぞれ実施します。

【1】製品の限界を決定

リスクアセスメントでは、まず9.5節で紹介するような内容の制限の検討を行うことにより、製品の限界を決定します。

【2】リスク解析（ハザード同定・リスク見積り・リスク評価）

(1) ハザードの同定

製品の各種仕様（電気・機械・温度・化学など）のハザードを洗い出します。この時に以下の内容についても検討します。

・製品のライフサイクルの全てにおいて実施します（通常の動作時だけではなく、出荷から廃棄まで)。
・部品などの単一故障の場合も考慮します。
・誤使用時のリスクを洗い出します。

(2) リスク見積り

リスク見積りは危険の特定後に、それぞれのハザードごとに、次の要素に照らして行います。

・危害の重大度
・その危害の発生確率

(3) リスク評価

前記(2)のリスク見積り（危害の重大度および危害の発生確率）を統合して評価をまとめます。この評価の結果を鑑みて、対象のリスクが受け入れ可能なものかどうかをユーザの立場で判断します。

この、(2)リスク見積り、(3)リスク評価の方法は各種あります。

【3】リスク低減

(1) 受容できるレベルのリスクの場合

受容できるレベルの場合は、この判断結果を記録して残します。次に別のハザードのリスクアセスメントを実施します。これを、全てのハザードについて実施します。これらの全情報を記録として残す必要があります。

(2) 受容できるレベルでない場合

受容できるレベルでない場合には、リスクを低減する方策を考えます。このリスク低減の方策を実施した上で、上記【2】の(2)リスク見積り、(3)リスク評価をあらためて実施し、受容できるレベルのリスクになるまで繰り返します。

全てのハザードのリスクアセスメントが完了したら、このリスクアセスメントを検証し、文書化して保管します。「リスクアセスメントとリスク低減の流れ」を図9.6に示します。

図9.6 リスクアセスメントとリスク低減の流れ

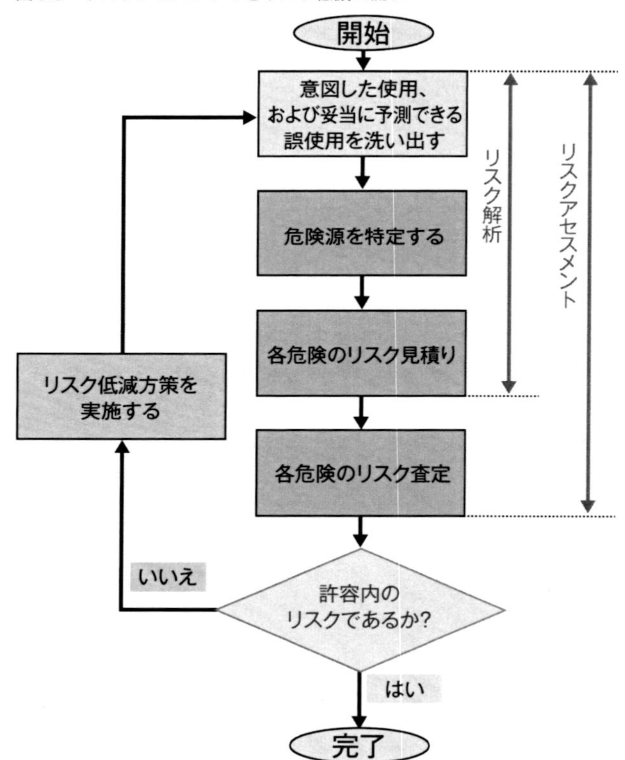

9.5　機器の限界（範囲）の決定

リスクアセスメントを始める前に、まず、機器の「限界（範囲）の仕様」を明確にすることが必要です。機器の「限界（範囲）の仕様」の項目を【1】で紹介します。これを省いてリスクアセスメントを行うと、さまざまな状況についてリスクアセスメントを行うことが必要になり、アセスメントの方向性が発散し、収束しなくなることがあります。

【1】限界（範囲）の項目

次の限界の項目について検討します（図9.7参照）。

a）意図する使用状態、および、予見できる誤使用状態
b）設置に関係する制限
c）時間的な制限
d）その他の制限（使用環境、清掃など）

図9.7　限界（範囲）の項目

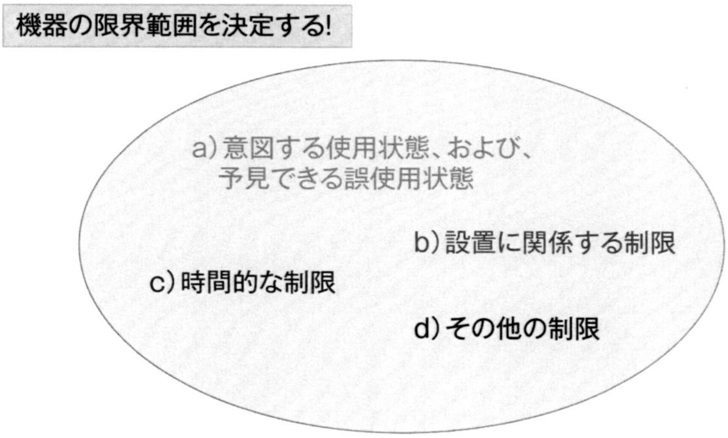

【2】限界（範囲）の内容

上記の各項目a）～d）の主な内容は以下のとおりです（図9.8参照）。

a）意図された使用状態と合理的に予見可能な誤使用状態を含め、限界を指定

・誤操作：取説などと異なる動作モード、異なる使用者の介入による誤使用など。

・利用者の「訓練・経験・能力のレベル」を明確にします。

(i) 操作する人

(ii) メンテナンスする人

(iii) 研修生や実習生

(iv) 一般人

図9.8 限界（範囲）の内容

①意図する使用および予見できる誤使用を定義する
・取説などの操作手順とは異なる使用法（誤操作）
・操作法を知らない人の介入

②利用者のレベル「訓練・経験・能力」を明確にする
対象者の分類
（i）操作する人
（ii）メンテナンスする人
（iii）研修生や実習生
（iv）一般人

b）設置に関係する制限

(i) 可動範囲

(ii) 低電圧機器の設置時のスペース、およびメンテナンス時に必要なスペース

(iii)「マンマシン」インターフェイス（人間工学）

(iv)「機器への電源入力」の領域

c）時間的な制限

(i) 機器や部品の「耐用年数」

(ii) メンテナンスの間隔の要求

d）その他の制限

(i) 設置環境：温度範囲、湿度、直射日光、室内または屋外、ほこり、湿り気

(ii) 清掃、クリーン度要求

【3】製品の一般的な仕様の明確化

前記の他に、その他の仕様も明確にします。

以下は製品の仕様をまとめた例です。

1. 製品の仕様

A) 適用規格	☒IEC61010-1 ☐IEC60204-1 ☐その他(　　)
B) 試験目的	☒最終試験 ☐事前試験 ☐性能把握 ☐その他(　　)
C) 試験項目	☒主電源 ☒残留電圧試験 ☒保護導通試験 ☒漏れ電流試験 ☒耐電圧試験 ☐絶縁抵抗試験 ☐温度上昇試験
D) 製造者名	多摩テクノ株式会社
E) 製品名	LED照明機器・輝度検査装置
F) 型名	Type－1
G) 製造番号	P－0001
H) 意図する使用者、使用場所	☐一般人 ☒専門家 ☐その他(　　)
	☐家庭／オフィス ☒工場・産業用 ☐研究所 ☐病院 ☐その他(　　)
	☒屋内（温湿度管理 ☒あり☐なし） ☐屋外
I) 電源入力仕様	☒単相 AC230V 0.8A 50Hz 184VA ☐ DC V A W ☐その他(　　)
	突入電流（ピーク電流） 1.2A、電圧変動：☒±10%以内☐±10%超
J) 感電保護クラス	☐Class0 ☐Class0 I ☒Class I ☐Class II ☐Class III
K) 過電圧カテゴリ	☐I ☒II ☐III ☐IV
L) 汚染度	☐I ☒II ☐III
M) 保護等級（IP）	☐IP30 ☒IP20 ☐IP31 ☐IP21 ☐その他（IP　　）
N) 動作温度範囲	5℃ ～ 40℃
O) 使用許可湿度	80%RH 以下 @5℃～31℃
P) 湿気場所使用	☐はい ☒いいえ
Q) 使用許可高度（海抜）	2000m 以下
R) 環境条件	☒規格記載の基準(温度 15～35℃,湿度 75%以下) ☐基準外
S) 外形寸法、重量	W320mm ×D240mm ×H80mm、3.0kg
T) 電源の認証有無	☒有 ☐無 有の場合の認証マーク（TUV/UL）
U) モバイル性（複数選択可）	☐携帯 ☐手持ち ☐床置き ☒固定 ☐組込み
V) 動作条件（複数選択可）	☒連続 ☐短時間 ☐間欠断続 ☐その他動作(　　)
W) レーザ源の有無	☒無 ☐クラス 1 ☐クラス 2 ☐クラス 3B ☐クラス 4 ☐その他クラス(　　)
X) 電源コード	☒着脱式 ☐非着脱式
Y) 備考	

2. 製品の構成概要

①ブロック図

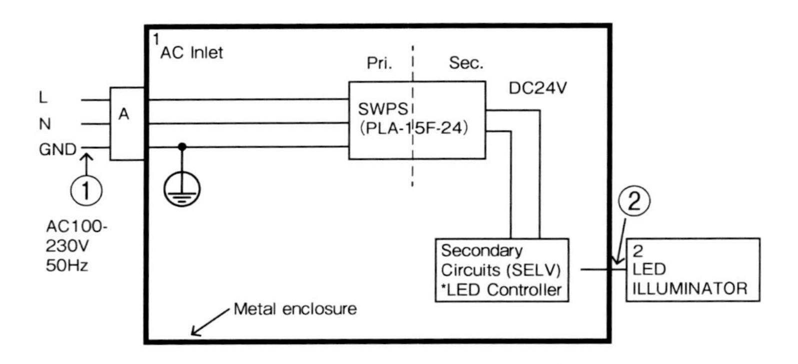

②Components List（機器リスト）

Component Name (機器名称)	Model No. (型名)	Serial No. (製造番号)	Manufacturer (製造者)
1.LED-intensity Testing equipment	Type-1	P-0001	多摩テクノ
2.LED Illuminator	LED-I-1	LED-I-001	多摩テクノ

③Cable List（ケーブルリスト記入）

Cable No. (ケーブル番号)	Cable Name (ケーブル名称)	用途（電圧）／ Model(型番)	Manufacturer (製造者)
①	電源入力 AC ケーブル	☒AC☐DC☐信号 230V、0.8A／KAC-001	多摩テクノ
②	DC ケーブル	☐AC☒DC☐信号 12-24V、8A／KDC-001	多摩テクノ
③		☐AC☐DC☐信号 V A／	
④		☐AC☐DC☐信号 V A／	
⑤		☐AC☐DC☐信号 V A／	
⑥		☐AC☐DC☐信号 V A／	

9.6　ハザードの同定

次にハザードの同定を行います。そして、リスクアセスメントを実施します。まず、表9.1の「ハザード」に記載された内容について、製品で考えられるハザードを洗い出します。また、このハザードの同定を行うにあたり、次の【1】～【3】のようなさまざまな状況において、危険状況と危険事象を考えます

表9.1　各種のハザード

ハザード	危険の種類
電気的ハザード	・電気エネルギーの存在 ・放出箇所（電源回路、コンデンサ、電池など）
機械的ハザード	・人体が挟まれる箇所の存在 ・運動エネルギーの存在 ・位置エネルギーの存在
化学的ハザード	・腐食性物質 ・有害物質 ・可燃性ガス ・爆発物　など
物理的ハザード	・紫外線 ・放射性物質 ・マイクロ波 ・超音波　など
その他	・微生物、かび　など

【1】製品のライフサイクルの全ての段階において危険状況と危険事象を検討し同定

例えば、ライフサイクルは（i）～（v）のような分類になり、それぞれの段階でハザードを考慮します（図9.9参照）。

(i) 輸送
(ii) 設置／組立
(iii) 試運転
(iv) 実使用
(v) 解体・処分

図9.9　製品のライフサイクル

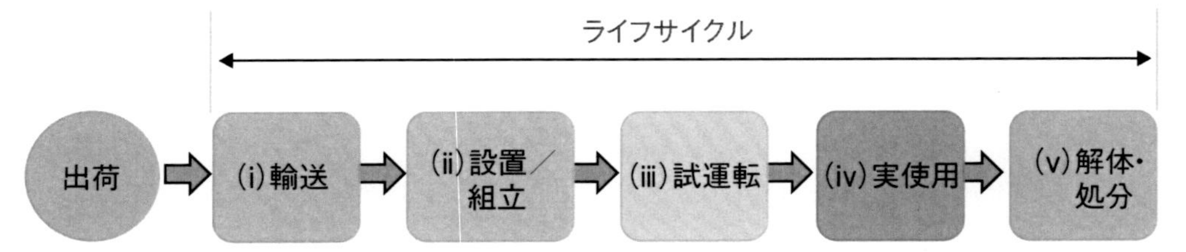

【2】仕事による識別

・セッティング
・テスト
・プログラミング
・起動
・動作の全モード
・通常の停止
・緊急停止
・予期しない起動
・故障状態／トラブルシューティング（オペレータの介入）
・清掃
・計画的なメンテナンスと修理
・予定外のメンテナンスや修理
・合理的に予見可能な誤使用
・セキュリティの脅威（通信、アクセスチャネル）

【3】合理的に予測可能な付加的な危険

例えば、地震、落雷、過度の雪、過大負荷、外来ノイズが挙げられます。

9.7 リスク見積りと審査

リスク見積りとは、ハザードにより発生することが予想される危害や損害についての評価です。ここではIEC61010-1に記載されている方法を説明します。

【1】リスク見積りの流れ

リスク見積りは、危険の同定後に、それぞれのハザードに対して実施します。そして、このリスク見積りは以下の二つの要素（危害の厳しさと危害の発生頻度）により見積ります。

①危害の厳しさ（重大度）
②危害の発生頻度（確率）

リスク見積りを行う前に、製品に不具合が発生した場合の「危害の厳しさ」を定義します。表9.2は危害の厳しさを、人、機器／設備、環境について四つのグループに分けています。

表9.2 「危害の厳しさ」の定義例

厳しさグループ(S)	人	機器／設備	環境
破局的(S4)	1人以上の死亡	システムまたは設備の損失	急性の影響を及ぼすまたは公衆衛生に影響を及ぼす化学物質の放出
重大(S3)	障害となる負傷／疾病	主要サブシステムの損失または設備の損害	環境または公衆衛生に一時的な影響を及ぼす化学物質の放出
中程度(S2)	治療または業務活動の制限	小規模サブシステムの損失または設備の損害	外部への報告要件となる化学物質の放出
軽微(S1)	応急手当だけ	機器または設備の軽微な損害	通常の清掃だけで報告要件とならない化学物質の放出

【2】各ハザードの危害の厳しさを見積る

各ハザードについて、厳しさのランク（破局的、重大、中程度、軽微）を決定していきます。

【3】危害の発生頻度

次に各ハザードの発生の頻度を見積ります。表9.3は「危害の発生頻度」を定義した例です。

表9.3 「危害の発生頻度」の定義例

頻度(P)	予想発生率の基準
頻発する(P5)	年5回を上回る
可能性が高い(P4)	年1回を上回るが、年5回以下
ありうる(P3)	5年間で1回を上回るが、年1回以下
まれ(P2)	10年間で1回を上回るが、5年間で1回以下
起こりそうにない(P1)	10年間で1回以下

【4】リスクの審査

リスク評価は、リスク見積り後、対策によるリスク低下が受容できるレベルに達したかどうかを判断するために実施します。すなわち、リスク低減すべきリスクかどうかを決定します。受容できるかどうかの判断レベル（K1、K2、K3）は、使用者の立場で考えます。また、国、地域、または社会的価値観から見て、許されるレベルまで達しているかを判断します。判断の目安として、表9.4のような、判定レベルの表を作成し、明確化します。

なお、リスク低減後の「残存リスク」は使用者に通知・警告しなければなりません。

表9.4 リスク判定のレベル

危害の厳しさ		危害の確率（P）				
		頻発する（P5）	高い（P4）	ありうる（P3）	まれ（P2）	起こりそうにない（P1）
厳しさ	破局的（S4）	K3	K3	K3	K3	K3
	重大（S3）	K3	K3	K3	K3	K2
	中程度（S2）	K3	K3	K2	K2	K2
	軽微（S1）	K2	K2	K1	K1	K1

リスク指標（K）		説明
K3	許容できない	許容できないリスクがある。
K2	許容は難しい	自動的には許容可能なリスクの要求事項を満たさない。このリスクは、リスク指標K1まで、さらに低減するべきである。それが可能でない場合は、責任組織が操作者の安全を保護するために適切な処置を取るように、説明書にリスクについての記述が必要である。
K1	広く許容できる	許容可能なリスクの要求事項を満たしている。

9.8　リスクアセスメント結果の記録

リスクアセスメントの結果は文書として残さなければなりません。また、CEマーキングの技術文書に含めます。

【1】記録する内容

記録する内容は以下のような内容です（図9.10参照）。

a）機器の限界（範囲）の決定

・仕様、限界、意図する使用目的など
・前提条件（例えば、負荷、強さ、安全係数）

b）ハザードの同定

1）危険状況の識別
2）評価の際に検討した危険事象

c）リスク評価の基になった情報

1）使用したデータおよび情報源（事故歴、同様の機器から得られる経験）
2）使用されるデータおよびリスク評価への影響に伴う不確実性

d）保護対策によって達成すべき目標

許容できるレベルを記載

e）保護手段

排除した危険、およびそのリスク軽減に実施した方策

f）残留リスクとその方策

・機器に警報機能を設置
・機器に警告表示
・取扱説明書に記載

図9.10　リスクアセスメント結果の項目（ファイル）

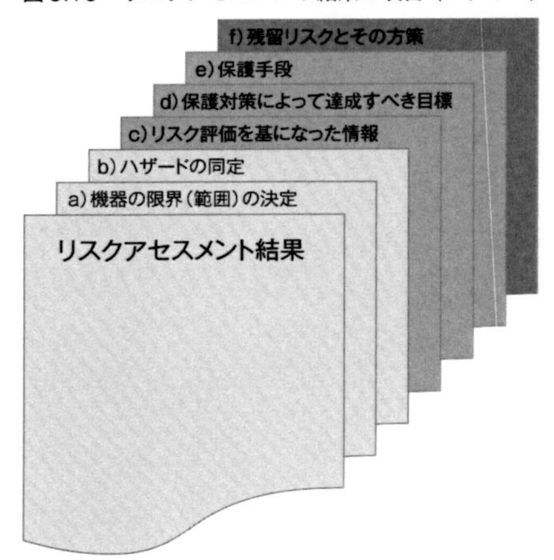

【2】CENELECガイド32の結果表（参考）

欧州委員会から発行されているCENELECガイド32は低電圧機器のリスクアセスメントのガイド文書です。このガイド文書にはリスクアセスメントの結果表があります。表9.5のような表です。低電圧機器において考慮すべきさまざまなリスクに対する結果を簡単にまとめられるような表になっています。

表9.5の左の第1列目は低電圧指令対応の製品について検討すべきさまざまなハザードです。これらをチェックすると、一般的な電気・電子機器のハザードを漏らさずにすみます。

第2列目は、製品と関係がある・なしをチェックする欄です。右側の列は、適合した根拠を記載する欄です。例えば、設計での対策、後で追加した対策、製品への表示、取扱説明書の注意事項を記載します。

表9.5(1)　リスクアセスメント結果表

要求項目	関係するか はい/いいえ	満たした根拠（記述する）
A.2 予備チェック	はい	・CENELEC Guide 32の附属書A（規定：低電圧機器の安全）を適用
A.3 安全の統合	はい	このガイド32を適用。特に「3段階法」の方法を適用 ・最新の設計上での対策 ・保護対策 ・ユーザへの情報
A.4 電気的危険に対する保護		
a) リーク電流		
b) エネルギー供給		
c) 蓄積された電荷		
d) アーク		
e) 感電		
f) やけど		
A.5 機械的危険に対する保護		
a) 不安定性		
b) 動作中のブレークダウン		
c) 落下やオブジェクト排出		
d) 不十分な面、エッジおよびコーナー		
e) 移動部品：特に部品の回転速度の変動		
f) 振動		
g) 部品の不適切な取付		

表 9.5(2)　リスクアセスメント結果表

要求項目	関係するか はい/いいえ	満たした根拠（記述する）
A.6 他の危険に対する保護		
A6.2 破裂		
A6.3 電界、磁界、電磁界、ほかの電離および非電離放射線に起因する危険		
A6.4 電気、磁気、および電磁波障害		
A6.5 光放射		
A6.6 火災		
A6.7 温度		
A6.8 音響ノイズ		
A6.9 生物学的および化学的影響		
A6.10 有害物質の排出、生産および／または使用（例：気体、流体、粉塵、ミスト、蒸気）		
A6.11 無人操作		
A6.12 電源への接続および中断		
A6.13 機器の組み合わせ		
A6.14 爆縮		
A6.15 衛生状態		
A6.16 人間工学		

表9.5(3)　リスクアセスメント結果表

要求項目	関係するか はい/いいえ	満たした根拠（記述する）
A.7 機能安全と信頼性		
A7.2 機器設計		
A7.3 タイプに関連する危険		
A7.4 システム障害		
A.8 安全関連のセキュリティ（IEC62443）基礎的要求のⅠ～Ⅴのa)~d)のカテゴリに1)～3)の要求を割り当てる。		
a) 因果および偶然侵害に対する保護		
b) 意図的な違反に対する保護 低資源、汎用的な技能と低い意欲で簡単な手段を用いている。		
c) 意図的な違反に対する保護 適度な資源、機器と適度な動機に関連する特殊的技術の洗練された手段を用いている。		
d) 意図的な違反に対する保護 拡張資源、機器に関連する特殊技術と高い意欲の洗練された手段を用いている。		
A.9 情報の伝達要件		

9.9 リスクアセスメント結果の作成例

リスクアセスメントの作成例を表9.6、表9.7、表9.8に示します。表9.6は、IEC61010-1の附属書J（リスクアセスメント）の方法により、表形式でリスクアセスメントを行ったものです。この表は、下記のような流れで作成します。

【1】STEP1：ハザードの同定

①対象装置の各種ハザードの洗い出しを行う。

・この表では、機械的ハザード、電気的ハザード、熱的ハザード、騒音ハザード、振動ハザード、放射ハザードなど

②各ハザードに対して、ライフサイクルの当てはまる段階を指定します（●印箇所）。

表9.6(1)　リスクアセスメントの作成例（STEP1）

製品名: モデル名: 製造業者: **STEP 1：危険源の同定**	**ライフサイクル** **(1)製造 (5)保守** **(2)移動 (6)点検** **(3)設置 (7)廃棄** **(4)操作** **●: 関連フェーズ**						
危険源の種類	(1)	(2)	(3)	(4)	(5)	(6)	(7)
1. 機械的危険源							
- 機械部品、または加工品が原因で起こる危険: a) 形状 b) 位置 c) 安定性 d) 制御安定性 e) 機械強度			●	●	●		
- 機械内部の蓄積エネルギーが原因で起こる危険: f) 弾力性機械部品(バネ) g) 加圧液体、および気体 h) 真空							
1.1 押しつぶし(クラッシュ)の危険							
1.2 裂断(切り裂き)の危険							
1.3 切り傷、切断の危険							
1.4 巻き込まれの危険							
1.5 引き込まれ、落ち込みの危険							
1.6 衝撃の危険							
1.7 突き傷、刺し傷の危険							
1.8 摩擦、擦り傷の危険							
1.9 高圧液体(気体)の注入、噴出の危険							
2. 電気的危険源							
2.1 直接接触			●	●	●		
2.2 間接接触							
2.3 高電圧電流の流れている部品に接近						●	
2.4 静電気現象							
2.5 熱放射、溶融粒子およびショート、過負荷による化学的影響							
3. 熱的危険源							
3.1 極高温／低温物体、材料接触、火炎、爆発、熱源放射による火傷、凍傷							
3.2 高温、または低温作業環境による健康被害							

表9.6(2)　リスクアセスメントの作成例（STEP1）

危険源の種類	(1)	(2)	(3)	(4)	(5)	(6)	(7)
4. 騒音による危険源							
4.1 聴取力喪失(聞こえない)、その他の生理的不調(認識力喪失)							
4.2 会話の妨害、音声連絡の妨害など							
5. 振動による危険源							
5.1 各種の神経、および血管障害を起こす手持ち式機械の使用							
5.2 特に劣悪な姿勢と組み合わせたときの全身振動							
6. 放射による危険源							
6.1 低周波、高周波放射、マイクロ波				●	●	●	
6.2 赤外線、可視光線および紫外線							
6.3 X線および γ 線							
6.4 α線、β線、電子、またはイオンビーム、中性子							
6.5 レーザ							
7. 材料、物質による危険源							
7.1 有害な液体、気体、噴霧、煙霧、および塵埃との接触または吸入							
7.2 火災、または爆発の危険							
7.3 生物学的、または微生物学的(ウイルス、または細菌)危険							
8. 人間工学原則の無視による危険源							
8.1 無理な姿勢、または過度な操作							
8.2 人の手-腕、足-脚を不適切に使用する無理な操作							
8.3 防護機器、用具の使用を無視した機器の使用							
8.4 不適切な局部照明							
8.5 精神的ストレス(過負荷および過小負荷)							
8.6 ヒューマンエラー、人の行動							
8.7 手動制御装置の不適切な設計、配置、または識別							
8.8 視覚表示装置の不適切な設計、または配置							
9. 組合せによる危険源							

※備考：左側1列目（STEP 1 ハザードの同定）は、1.機械的ハザード、2.電気的ハザード、3.熱的ハザード、4.騒音によるハザード、5.振動によるハザード、6.放射によるハザード、7.材料・物質によるハザード、8.人間工学原則の無視によるハザード、9.組合せによるハザードに分類されています。

【2】STEP2：リスクの見積り・評価、およびリスク低減

①各ハザードの具体的な危険事象を記載します。

②各危険事象について、リスク査定を行います。

a）厳しさを表9.2により、選択します。

b）発生頻度を表9.3により、選択します。

上記二つ（厳しさおよび発生頻度）の結果を、表9.4に当てはめてリスク判定を行います。

③許容できないリスク源に対して、リスク低減を実施します。

④リスク低減の方策が許容できるまで、リスク低減を行います。

⑤リスク低減の最終方策を記載します。

表9.7　リスクアセスメントの作成例（STEP2）

STEP 2：見積・評価、およびリスク低減								
リスク項目	関連フェーズ	厳しさ	頻度	-	Key	危険事象と対策		残留リスクとその対策
						危険事象	対策	
2.1	(3) (4) (5)	S3	P2	-	K3	電気的危険 電源ケーブルに接触することによる感電のリスク	認証品の二重絶縁電源ケーブルを使用する	感電を防ぐために取説にセットアップ方法と感電注意を記載する
2.3	(6)	S3	P2	-	K3	制御ユニットの上面板を開けた時に高電圧域にアクセスすることによる感電のリスク	筐体の金属板を取り外すときは工具を使用するネジ構造方式にする	取説内に注意事項「電源を切ってから外すこと」を記述する）
2.3	(6)	S2	P1	-	K2	高電圧部分に触れることによる感電や関連する危険性	筐体内のエネルギー部品を絶縁する	
2.1	(3) (4) (5)	S2	P1	-	K2	可燃性部品、または火災拡散部品の危険	UL認証品の難燃性材料を使用する	
1-a)	(3) (4) (5)	S1	P2	-	K1	機械的な危険 シャープエッジ接触による操作パネル上の怪我の危険	機械部品のシャープエッジを取り除く	-
ALL	(3) (4) (5) (6)	S2	P3	-	K2	製品安全 製品安全対策が十分でないために、誤動作を起こし、人間や財産への影響を与える	EN61010-1 規格の適合によって「低電圧指令」を遵守する	-
6.1	(4) (5) (6)	S2	P2	-	K2	EMC 製品からの他の装置への電磁妨害、および、ほかの機器からのノイズに対する耐性	EMC を評価し、EN61326-1 規格に適合させる	-

【3】STEP3：残留リスクに対する方策（リスク低減後の処置）

①KeyがK1に達した後、あるいはK2の場合の残留リスクに対する方策などを備考欄に記載します。

②製品へのラベル貼付、または取扱説明書への警告文の内容を備考欄に記載します。

表9.8　リスクアセスメントの作成例（STEP3）

<table>
<tr><th colspan="6">STEP 3 ： リスク低減後の見積りと評価</th></tr>
<tr><th>リスク項目</th><th>厳しさ</th><th>頻度</th><th>-</th><th>Key</th><th>備考</th></tr>
<tr><td>2.1</td><td>S1</td><td>P2</td><td>-</td><td>K1</td><td>説明書に以下の手順で記載する
[警告]感電の危険性を低減するために、アースした後に電源コードを接続すること。</td></tr>
<tr><td>2.3</td><td rowspan="3">S1</td><td rowspan="3">P1</td><td rowspan="3">-</td><td rowspan="3">K1</td><td rowspan="3">取説の注意事項で説明する
(1)ユニットを分解したり、内部に触れないでください。
(2)故障の場合は、修理を行わないでください。
装置の状態に注意し、お問い合わせください。</td></tr>
<tr><td>2.3</td></tr>
<tr><td>2.1</td></tr>
<tr><td>1-a)</td><td>S1</td><td>P2</td><td>-</td><td>K1</td><td>-</td></tr>
<tr><td>ALL</td><td>S1</td><td>P1</td><td>-</td><td>K1</td><td>技術文書(TD)、および安全テストレポートを照らし合わせる</td></tr>
<tr><td>6.1</td><td>S1</td><td>P1</td><td>-</td><td>K1</td><td>技術文書(TD)、および EMC テストレポートを照らし合わせる</td></tr>
</table>

10

第10章　適合宣言書と技術文書の作成

10.1 適合宣言書

適合宣言書と技術文書はCEマーキングを宣言する上で、必ず作成し、保管しなければならない文書です。各指令の附属書には、文書の内容について簡単に記載されています。

ここまで何回か紹介したように、EU域内で製品を流通させ、あるいは使用に供するためには、該当する欧州閣僚理事会指令（EU指令）の要求への適合が必要となります。ニューアプローチ体制のもとにおいては、指令への適合性を示す手段として、製造業者かその代理人による適合性の宣言が義務として要求されています。

EU適合宣言書（EU Declaration of Conformity：DoC）は、「その製品が該当する指令の全ての要求（特に必須要求）に適合している」旨の、製造業者もしくはEU域内の指名された代理人による宣言文書です。

多くの場合、製造業者、またはその代理人は、EU域内への製品の出荷に先立って、該当する指令で規定されている適合性評価手続（多くはモジュールA：自己検証で可能）に従ってその要求への適合性の証明を行います。その証しとして適合宣言書を作成し、署名します。そして、製品（もしくはその包装や取扱説明書）に図10.1のCEマークを貼付します。

作成した適合宣言書は、製品が市場に出荷後、10年が経過するまで保管する必要があります。適合宣言書は、製造業者、承認代理人、そして製品を輸入する輸入業者が責任をもって保管することになります。なお、国によっては通関時に適合宣言書の提出を求められることもあります。

図10.1　CEマーク

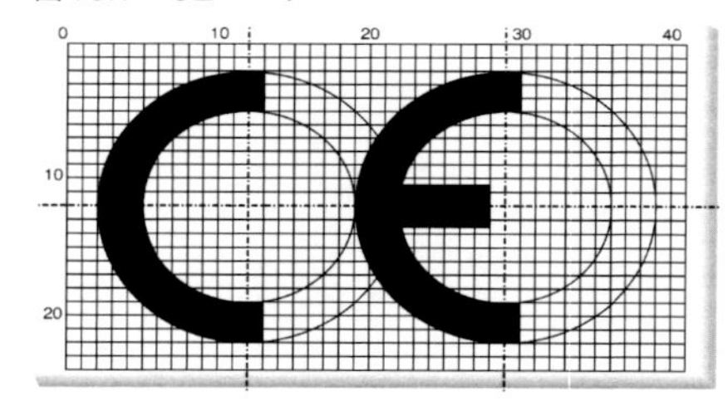

10.2　適合宣言書の内容

適合宣言書（DoC）に記載すべき内容はそれぞれの指令で規定されています。低電圧指令においては、附属書（ANNEX IV）に0）～7）の項目として、記載されています。

0）「EU Declaration of Conformity」の表題（宣言書に番号を付けるかどうかは任意）
1）製造業者もしくは承認代理人の名前と住所
2）宣言の対象とする機器の型番／製品名（製品名、型式、バッチあるいは製造番号）
3）「この適合宣言書は製造業者のみの責任のもとで発行される」旨の記述
4）宣言の対象品の記載（追跡を可能とするような機器の識別など：機器の識別に必要であればカラー写真などを含めます）
5）適合を宣言する指令、および、その他関連するEU法（規則など）のリスト
6）適合の宣言に関係する、使用した整合規格（年号を含む）
7）宣言書を発行した場所と日付および宣言を行う個人の名前、肩書、署名

適合宣言書はその製造業者の署名者が自らの責任のもとに適合性を宣言するものです。したがって違反があった場合にはその個人が処罰の対象となります（国によっては、悪質な違反に対してはその個人の罰則もありえます）。日本からEUに出荷する場合には、製品に適合宣言書のコピーを添付することを推奨します。また、取扱説明書に含めることも推奨します。

なお、CEマーキングの技術文書には、この適合宣言書を含める必要があります。図10.2は低電圧指令内で指定されているEU適合宣言書の内容です。

図10.2　低電圧指令（ANNEX Ⅳ）適合宣言書の記載項目

29.3.2014	EN	Official Journal of the European Union	L 96/371

ANNEX IV

EU DECLARATION OF CONFORMITY (No XXXX) (1)

1. Product model/product (product, type, batch or serial number):
2. Name and address of the manufacturer or his authorised representative:
3. This declaration of conformity is issued under the sole responsibility of the manufacturer.
4. Object of the declaration (identification of electrical equipment allowing traceability; it may include a colour image of sufficient clarity where necessary for the identification of the electrical equipment):
5. The object of the declaration described above is in conformity with the relevant Union harmonisation legislation:
6. References to the relevant harmonised standards used or references to the other technical specifications in relation to which conformity is declared:
7. Additional information:

Signed for and on behalf of:

(place and date of issue):

(name, function) (signature):

10.3　適合宣言書の例

図10.3は計測機器の適合宣言書の例です。欧州、行政協力グループ（AdCos：Administrative Cooperation Groups）の「Documents from the AdCo Groups」にDoCのフォーマット「Example of EU declaration of conformity（DoC）adopted by EMC ADCO」があります。これを利用したものです。

図10.3　適合宣言書の例（計測機器の例）

EU Declaration of Conformity (DoC)

We

Company name:	Tama Tec.COM
Postal address:	shigashi 3-6-1
Postcode and City:	196-0033　Akishima City, Japan
Telephone number:	+81-42-500-2300
E-Mail address:	E-Mail@iri-tokyo.jp

declare that the DoC is issued under our sole responsibility and belongs to the following product:

Apparatus model/Product:	Powered Meter
Type:	Model PM0001
Batch:	---
Serial number:	0001-0100

Object of the declaration (identification of apparatus allowing traceability; it may include a colour image of sufficient clarity where necessary for the identification of the apparatus):

Identification of the apparatus

Adobe Reader allows upload of PDF files only

UPLOAD

The object of the declaration described above is in conformity with the relevant Union harmonisation legislation:

EMC Directive 2014/30/EU

Low Voltage Directive (LVD) 2014/35/EU	...
RoHS Directive 2011/65/EU	...
...	...
...	...

The following harmonised standards and technical specifications have been applied:

Title, Date of standard/specification:

EN 61326-1:2013	...
EN 61010-1:2010	...
EN 50581	...
...	...
...	...
...	...

Notified body (where applicable):	4 digit notified body number:
NA	—

Additional information:

Additional information

Signed for and on behalf of:

Place of issue	Date of issue	Name, function, signature
shigashi 3-6-1,Akishima City, Ja	2016/10/11	

10.4　技術文書の概要

技術文書（TD：Technical Documentation）は各指令の要求事項への「適合の根拠」を示す文書です。この技術文書の作成は、製造業者に課せられた義務です。

【1】EU当局から提出を求められることがある

適合について疑義などが発生した場合、欧州の各国当局へ適合の根拠・証拠として、提出しなければなりません。

【2】技術文書（TD）と技術構造ファイル（TCF）

各指令によって呼び方が異なります。低電圧指令（LVD）、EMC指令では技術文書（TD：Technical Documentation）と呼びますが、指令によっては、技術構造ファイル（TCF：Technical Construction Files）などと呼ばれることもあります。

【3】技術文書（TD）には各指令の要求に対する安全性の根拠を記述

製品の性能の記述ではなく、各指令の安全要求への適合について、わかりやすく記述しなければなりません。

・低電圧指令：電気・機械・温度・化学などのリスクに対する安全性
・EMC指令：電磁環境適合性
・RoHS指令：有害物規制への適合

【4】その他

・技術文書の記述言語は、適合宣言書と異なり、特に各国語の要求はありませんが、欧州の当局が理解できる言語（英語・フランス語・ドイツ語）での記述を推奨します。
・市場に出荷されてから、10年間の保管が必須です。
・技術文書のファイル様式についての要求はないので、図10.4のように該当する指令の技術文書を一つのファイルとしてまとめる方法があります。

図10.4　技術文書のファイル例

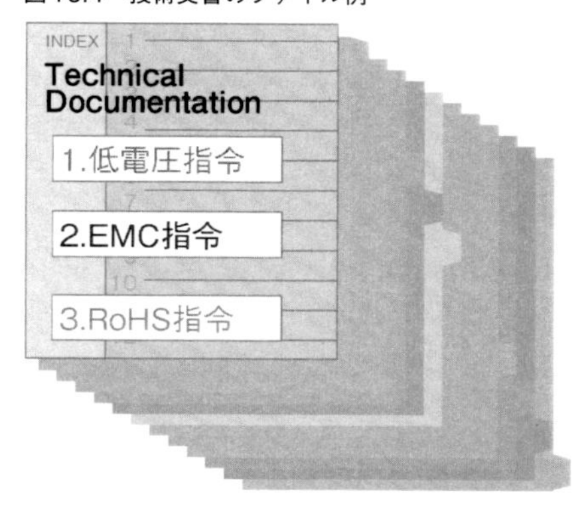

10.5　技術文書の内容

技術文書は、各指令の要求事項を説明する文書です。この文書は各製品の特性により、また、該当する指令により異なります。

【1】各指令に規定

関連する製品の各指令に定められています。例えば、EMC指令では附属書Ⅱ、3項に、または低電圧指令では附属書Ⅳの3項に記載があります。

【2】各指令の必須要求事項への適合

各指令の必須要求事項への適合の根拠を説明する内容です。

【3】一般的な技術文書の内容

一般に、技術文書には設計、製造、および製品の取り扱いについての情報を記載します。低電圧指令では、「少なくとも以下の情報を含めなければならない」ことになっています。技術文書に記載する内容は、この以下の項目a）～k）についての情報を、図10.5のようなファイルにまとめます。

図10.5　技術文書ファイルの構成例

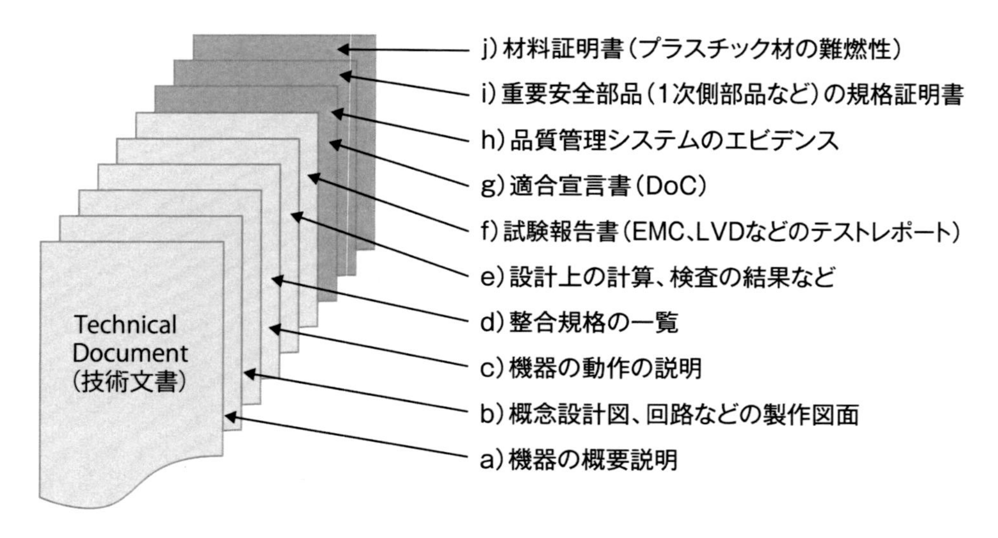

a）機器の概要説明

b）概念設計図およびコンポーネント、サブアセンブリ、回路などの製作図面と回路図

c）機器の動作の説明（上記の図面と回路図などにより説明）

d）整合規格の一覧（全面的に、あるいは部分的に適用された規格）

・整合規格が適用されなかった場合、指令の安全目標への適合のために用いられた手段の説明を記載

・整合規格を部分的に適用した場合、どの部分が適用されたかを明記する

e）設計上の計算、検査の結果など（リスクアセスメント、機能安全計算結果など）

f）試験報告書（EMC、LVDなどのテストレポート）

g）適合宣言書（DoC）

h）品質管理システムのエビデンス（ISO9001認証書または社内品質管理文書）

i）重要安全部品（1次側部品など）の規格証明書

j）材料証明書（プラスチック材の難燃性）

k）その他のエビデンス資料

なお、変更、訂正などが発生することが考えて、「経歴表」を設けることを推奨します。

おわりに

ここまで、CEマーキング対応と、IEC61010-1（EN61010-1）適合・準拠のために必要な情報について紹介をしてきました。

これから海外展開を進めようという方々に、この本で紹介・解説した情報が少しでも役に立てば、著者としてはこの上ない喜びです。

また、製品を規格に適合させて海外に展開するという目標の達成と共に、IEC61010-1適合、CEマーキング対応を通じて得た知識を元に、新たにリスクベース安全設計による設計を行い、より安全な機器を生み出していくことの助けになれば幸いです。

2019年5月

地方独立行政法人東京都立産業技術研究センター
上野 武司・井原 房雄

参考文献

・CE marking
https://ec.europa.eu/growth/single-market/ce-marking_en

・CENELEC Guide：
https://www.cenelec.eu/membersandexperts/referencematerial/cenelecguides.html

・CENELEC Guide 32：
Guidelines for Safety Related Risk Assessment and Risk Reduction for Low Voltage Equipment

・EN 61010-1:2010
Safety requirements for electrical equipment for measurement, control, and laboratory use - Part 1: General requirements

・IEC (International Electrotechnical Commission)：
https://www.iec.ch/

・IEC61010-1:2010
Safety requirements for electrical equipment for measurement, control, and laboratory use - Part 1: General requirements

・Low Voltage Directive (LVD)
https://ec.europa.eu/growth/single-market/european-standards/harmonised-standards/low-voltage_en

・Low Voltage Directive (LVD) 2014/35/EU

・「自己宣言のためのCE マーキング 適合対策実務ガイドブック」 ２０１４年３月、日本貿易振興機構（ジェトロ）ビジネス情報サービス課発行

・ブルーガイド：The 'Blue Guide' on the implementation of EU products rules 2016.

監修者・著者紹介

地方独立行政法人東京都立産業技術研究センター

1921年に設立された府立東京商工奨励館に端を発し、都立の工業系試験研究機関との統合を経て、2006年に全国の公設試験研究機関に先駆け地方独立行政法人化した。
発足当初から、東京都の中小企業振興を目的に、技術相談、試験、研究などの技術支援を行っている。機械、電気・電子、材料、バイオ、情報などの基盤技術に加え、環境・エネルギーや生活技術、3Dものづくりなど企業の製品化支援のための幅広い技術分野に対応している。

上野 武司（うえの たけし）

地方独立行政法人東京都立産業技術研究センター 開発本部 開発第一部 電気電子技術グループ長、博士（農学）、技術士（電気電子部門）、iNARTE PS Engineer / EMC Engineer / EMC設計技術者
東京学芸大学教育学部卒業、東京農工大学大学院連合農学研究科修了、1990年東京都立工業技術センター（現東京都立産業技術研究センター）に入所し、現在に至る。主に製品安全・EMC試験、MEMS関連の業務に従事し、中小企業を支援してきた。現在、電気電子技術グループを統括している。

井原 房雄（いはら ふさお）

地方独立行政法人東京都立産業技術研究センター 広域首都圏輸出製品技術支援センター(MTEP)専門相談員、研究員、iNARTE PS Engineer / EMC Engineer
熊本大学工学部電気工学科卒業、三菱電機株式会社入社、三菱電機エンジニアリング株式会社入社、その後2015年、東京都立産業技術研究センターに入所し、現在に至る。
入所後、電気電子機器設計、製品安全・EMC設計業務に従事し、各種製品の国内外のEMC/Safety認証取得を支援してきた。現在、日本企業製品の海外展開支援のため、CEマーキング、EMC、製品安全について、コンサルティングを行っている。

◎本書スタッフ
アートディレクター/装丁： 岡田 章志＋GY
編集協力： 向井 真紀
デジタル編集： 栗原 翔

●本書の内容についてのお問い合わせ先
株式会社インプレスR&D　メール窓口
np-info@impress.co.jp
件名に「『本書名』問い合わせ係」と明記してお送りください。
電話やFAX、郵便でのご質問にはお答えできません。返信までには、しばらくお時間をいただく場合があります。
なお、本書の範囲を超えるご質問にはお答えしかねますので、あらかじめご了承ください。
また、本書の内容についてはNextPublishingオフィシャルWebサイトにて情報を公開しております。
https://nextpublishing.jp/

●落丁・乱丁本はお手数ですが、インプレスカスタマーセンターまでお送りください。送料弊社負担にてお取り替えさせていただきます。但し、古書店で購入されたものについてはお取り替えできません。
■読者の窓口
インプレスカスタマーセンター
〒 101-0051
東京都千代田区神田神保町一丁目 105番地
TEL 03-6837-5016／FAX 03-6837-5023
info@impress.co.jp
■書店／販売店のご注文窓口
株式会社インプレス受注センター
TEL 048-449-8040／FAX 048-449-8041

IEC61010-1適合とCEマーキング対応

計測・制御・試験所用電気機器の製品安全の考え方と実践

2019年5月17日　初版発行Ver.1.0（PDF版）

監　修　地方独立行政法人東京都立産業技術研究センター
著　者　上野 武司, 井原 房雄
編集人　宇津 宏
発行人　井芹 昌信
発　行　株式会社インプレスR&D
〒101-0051
東京都千代田区神田神保町一丁目105番地
https://nextpublishing.jp/
発　売　株式会社インプレス
〒101-0051　東京都千代田区神田神保町一丁目105番地

印刷・製本　京葉流通倉庫株式会社
Printed in Japan

ISBN978-4-8443-9698-7

NextPublishing®
●本書はNextPublishingメソッドによって発行されています。
NextPublishingメソッドは株式会社インプレスR&Dが開発した、電子書籍と印刷書籍を同時発行できるデジタルファースト型の新出版方式です。 https://nextpublishing.jp/